PETITE IRRIGATION ET SYSTÈMES DE CULTURE EN AFRIQUE SUBSAHARIENNE :

Le cas de la région d'Agadez (Niger)

Collection « Études africaines »

dirigée par Denis Pryen et son équipe

Forte de plus de mille titres publiés à ce jour, la collection « Études africaines » fait peau neuve. Elle présentera toujours les essais généraux qui ont fait son succès, mais se déclinera désormais également par séries thématiques : droit, économie, politique, sociologie, etc.

Dernières parutions

Jean-Claude TCHEUWA (dir.), *Les organisations internationales africaines. Regards croisés et défis contemporains,* 2022.

Charlemagne SEGBEDJI, *Afro-brésiliens et processus de patrimonialisation dans le sud du Bénin. De la fin du XIX*e *siècle à nos jours,* 2022.

Guy Saturnin TSÉTSA, *Guide pratique de la saisie immobilière en droit Ohada*, 2022.

Ben Aymar BINASSOUA YEHOUESSI, *L'impôt en Afrique de l'Ouest francophone. L'exemple du Bénin,* 2022.

Fatoumata KABA, *Le droit minier et le droit au développement des communautés autochtones. L'exemple de la Guinée*, 2022.

Nico Shambouy MUAMBI, *L'impact de la décentralisation sur les municipalités en Afrique. Stratégies de développement local à Klouékanmè (Bénin)*, 2022.

Joseph ZIDI, *Histoire et usages du nom Kongo, Essai d'interprétation onomastique*, 2022.

Mohamed Ousmane KEITA, *Le Mali : l'État inachevé*, 2022.

Dominique OBA et Hilaire Kevin NZOUSSI, *Histoire de la République du Congo de 1958 à 2017*, 2022.

Saliou dit Baba DIALLO, *Vieillir en migration. Le cas des Soninké,* 2022.

Jean-Luc MOUTHOU, Hilarion Bagel MIZHAIRE, *Pointe-Noire, Dynamique spatiale et équipements urbains au Congo*, 2022.

Benjamin N. LAWRANCE, *Les Éwé sous le joug français. Le colonialisme périurbain au Togo (1900-1960)*, 2022.

Abdoulaye Sambo Soumaila

PETITE IRRIGATION ET SYSTÈMES DE CULTURE EN AFRIQUE SUBSAHARIENNE :

Le cas de la région d'Agadez (Niger)

L'Harmattan

5-7, rue de l'École-Polytechnique, 75 005 Paris

http://www.editions-harmattan.fr

ISBN : 978-2-14-029271-2
EAN : 9782140292712

A la gloire du Père, du Fils, et du Saint esprit

A la mémoire de mon frère Moussa Abdoulaye Sambo, de ma sœur Ramatou Abdoulaye Sambo, de mon père Abdoulaye Sambo, de mes grand-mères Lobbo Souna, Hadjo Souna, et Wandeye Djibo, et de mon grand-père Tinni Sido. Que leurs âmes respectives reposent en paix.
« Le temps est la matière dont est faite la vie ».

Avertissement

Les opinions émises dans le présent livre sont exclusivement celles de l'auteur et ne reflètent pas nécessairement celles du PromAP, de la GIZ, et des éditions l'Harmattan. Elles engagent la seule responsabilité de l'auteur.

Remerciements

Mes remerciements sincères et ma profonde gratitude vont à Dr *Damien* Hauswirth, Expert Agronome, et précédemment Responsable de la composante 3 du Programme de promotion de l'agriculture productive (PromAP/GIZ) financé par la coopération Allemande au Niger. Ses conseils techniques et ses contributions scientifiques ont permis d'enrichir cette étude.

Mes remerciements sincères vont à la Coopération Allemande au Niger (GIZ) qui a financé les travaux de mise en œuvre de cette étude de diagnostic agricole dans ses régions d'intervention.

Table des matières

Liste des tableaux

Liste des graphiques

Liste des schémas

Liste des photos

Liste des cartes

Acronymes

ANFO	Association Nationale des Coopératives des Professionnels de la Filière Oignon
ARIMA	Auto-Regressive Integrated Moving Average
BAD	Banque Africaine de Développement
BADEA	Banque Arabe pour le Développement Économique en Afrique
BAGRI	Banque Agricole du Niger
BID	Banque Islamique de Développement
CCA	Cellule Crises Alimentaires
CDA	Chef de District Agricole
CEP	Champ Ecole Paysan
CES/DRS	Conservation des Eaux et du Sol/Défense et Restauration des sols
CRA	Chambre Régionale d'Agriculture
DNPGCA	Dispositif National de Prévention et de Gestion des Crises Alimentaires
DRA	Direction Régionale de l'Agriculture
EBE	Excédent Brut d'Exploitation
ESI	Entretien Structuré Individuel
ESSI	Entretien Semi-Structuré Individuel
FAO	Food and Agriculture Organisation
FCMN	Fédération des Coopératives Maraichères Niyya
FIDA	Fonds International pour le Développement Agricole
FISAN	Fonds d'Investissement pour la Sécurité Alimentaire et Nutritionnelle
GD	Groupe de Discussion
GDT	Gestion Durable des Terres
GIZ	Deutsche Gesellschaftfür Internationale Zusammenarbeit
GkW	Bureau d 'Etudes Allemand
GMIC	Grande et Moyenne Irrigation Commerciale
GTZ	Gesellschaft für technische Zusammenarbeit
ICRISAT	International Crop Research Institute for Semi-Arid Tropics
KFW	*Kreditanstalt für Wiederaufbau*
LuCop	Projet de Lutte Contre la Pauvreté
PAC	Programme d'Action Communautaire
PAM	Programme Alimentaire Mondial
PASEC	Projet d'Appui à l'Agriculture Sensible aux risques Climatiques
PASP	Projet Agro-Sylvo-Pastoral dans la région de Tillabéri
PCCN	Programme de Cohésion Communautaire au Niger
PCS	Périmètre de Contre Saison
PI	Petite Irrigation
PIP	Petite Irrigation Privée

PISA	Petite Irrigation et Sécurité Alimentaire (Projet)
PNN	Programme Nord Niger
PNUD	Programme des Nations Unies pour le Développement
PPEAP	Projet de Promotion des Exportations Agro-Pastorales
PromAP	Programme Nigéro-Allemand de Promotion de l'Agriculture Productive
PS/PRN	Programme Spécial du Président de la République du Niger
RECA	Réseau des Chambres d'Agriculture du Niger
SC	Système de Culture
SDR	Stratégie de développement Rural
SDRP	Stratégie de Développement Accéléré et de Réduction de la Pauvreté
SERPI	Structures Régionales de Promotion de l'Innovation
SFD	Système Financier Décentralisé
SP	Système de Production
SPIN	Stratégie de la Petite Irrigation au Niger
SRP	Stratégie de réduction de la Pauvreté
TDR	Termes De Référence
TIC	Technologies de l'Information et de la Communication
UCMA	Union des Coopératives Maraichères de l'Aïr
UCMT	Union des Coopératives Maraichères de Tabelot
UE	Union Européenne
UNICEF	Fonds des Nations Unies pour l'Enfance
USCZT	Union des Sociétés de Coopération de la Zone de Timia
VAB	Valeur Ajoutée Brute

Résumé analytique

Après deux phases successives de mise en œuvre de la valorisation des pratiques innovantes endogènes, de démonstration de technologies importées, et d'évaluation des performances et des potentialités des innovations dans ses régions d'intervention, le PromAP a perçu la nécessité, dans le cadre de sa composante 3, de réaliser une analyse approfondie des Systèmes de culture/ Systèmes de Production mobilisant la PI en vue notamment de déterminer « les marges de manœuvre techniques mobilisables aux différents stades des itinéraires techniques pour contribuer à améliorer leurs performances agronomiques, économiques, et environnementales ».

Dans cette perspective, quatre principaux objectifs sont assignés à ce diagnostic agricole[1] :

i. Elaborer une typologie des sites de la PI au sein de chaque région d'intervention du PromAP ;

ii. Elaborer, au sein de chaque région d'intervention du projet, une typologie des systèmes de production intégrant la PI et en évaluer les performances économiques (productivités de la terre, du travail et du capital) ;

iii. Décrire et analyser, au sein de chaque type de site, les systèmes de culture irrigués pratiqués dans les zones d'intervention du projet en vue d'identifier les marges de manœuvre techniques mobilisables nécessaires à l'amélioration de leurs performances ;

iv. Enfin, restituer aux acteurs régionaux et nationaux du PromAP les résultats de l'étude.

Il s'ensuit que les résultats attendus de cette étude diagnostic sont définis comme suit :

i. ***Dans chaque région d'intervention du projet*** :

   1. la réalisation d'une typologie des sites de la PI basée sur les contraintes/opportunités d'ordre biophysique et socioéconomique ;

   2. une description des formes d'organisation collective autour de la production agricole irriguée ;

   3. une typologie des systèmes de production intégrant la PI selon le niveau d'accès aux facteurs de production.

[1] Cette étude est définie par des termes de référence qui ont été scrupuleusement respectés.

ii. ***Au sein de chaque site identifié et enquêté*** :

1. une description analytique des calendriers culturaux ;
2. une analyse descriptive des itinéraires techniques pratiqués dans les systèmes de culture avec PI ;
3. L'élaboration d'une typologie des systèmes de culture intégrant la PI de façon continue ou temporaire selon le niveau de technicité mobilisé ;
4. Une analyse des performances agronomiques des systèmes de culture en PI ;
5. Une analyse des performances économiques des systèmes de culture en PI ;
6. Une liste de pistes pour la co-conception-évaluation d'innovations techniques et organisationnelles pour la PI s'appuyant sur l'analyse fine des systèmes de culture en PI.

La démarche méthodologique mise en œuvre pour cette étude de diagnostic agricole dans les trois régions d'intervention du PromAP (Tillabéri, Tahoua, et Agadez) comporte six étapes principales :

i. **Étape 1** : la recherche documentaire à Niamey auprès du PromAP et des autres institutions.

ii. **Étape 2** : l'élaboration d'une typologie des sites agricoles de la PI dans les trois régions d'intervention du PromAP.

iii. **Étape 3** : la détermination (Consultant) et validation (par les antennes régionales) de l'échantillon de sites de la PI dans chaque région devant accueillir les travaux d'enquête de terrain.

iv. **Étape 4** : l'élaboration et validation des outils de collecte de données selon un processus itératif entre le Consultant et les experts du PromAP.

v. **Étape 5** : la collecte des données auprès des personnes et/ou groupes cibles dans chaque région d'intervention du PromAP en partenariat avec les antennes régionales.

vi. **Étape 6** : l'analyse des données recueillies, rédaction et validation des rapports régionaux et nationaux.

Conduite principalement auprès des experts du PromAP, ***la recherche documentaire*** a permis d'une part de souligner la nécessité de convenir d'une définition des concepts techniques (***notes préliminaires***), et d'adapter les ambitions du diagnostic aux moyens mobilisables.

D'autre part, elle a servi de tremplin à ***l'identification des zones de la PI dans chacune des trois régions cibles***. Ce processus d'identification a consisté (i) à établir une liste des sites agricoles de la PI existants dans chacune des régions de Tillabéri, Tahoua, et Agadez, (ii) à définir les critères généraux et spécifiques de détermination d'une typologie de ces sites agricoles de la PI dans chacune de ces régions, puis (iii) à arrêter, en collaboration avec les experts du PromAP, l'échantillon des sites agricoles de la PI au sein desquels la collecte des données sera réalisée.

Pour la région d'Agadez, constituant l'objet du présent rapport d'étape, 278 sites agricoles de la PI ont été identifiés par la Direction Régionale de l'Agriculture contre 116 sites répertoriés dans la base de données du PromAP/GIZ.

Conformément à ces premiers résultats et, en se fondant sur la documentation collectée et les échanges avec diverses personnes ressources dont les experts du PromAP, six ***critères généraux*** ont été définis et retenus pour réaliser une ***typologie des sites agricoles de la PI*** : (i) le type de ressources en eau utilisées, (ii) la densité de la population, (iii) le degré d'intégration aux marchés, (iv) le degré du potentiel de développement de la PI, (v) le degré d'ancienneté du Site de la PI, et (vi) son mode de gestion.

En adaptant ces critères généraux aux caractéristiques socio-économiques et biophysiques de la région d'Agadez, des ***critères spécifiques*** de détermination des types de sites agricoles de la PI dans cette région cible ont été définis.

L'application de ces six critères spécifiques aux sites identifiés de la PI dans la région d'Agadez a fourni 9 types de sites agricoles par la PI. À partir de cette typologie des sites de la PI et des observations des experts régionaux du PromAP, cinq sites ont été échantillonnés pour la réalisation des enquêtes de terrain : (i) le site de Tabelot, (ii) celui de Timia Oasis (chef-lieu de commune), (iii) le site de Téguert/Timia hors oasis (Département d'Iférouane, Commune de Timia), (iv) le site de Intideynawen (Département d'Arlit, Commune de Gougaram), et (v) le site de Toumga Est (Département de Tchirozérine, Commune de Tchirozérine).

Ces sites de la PI, qui sont soit d'anciennes zones d'intervention du PromAP (Tabelot, Intideynawen) ou de nouveaux sites d'appui-conseil de ce projet (Timia, Toumga, Téguert), constituent les zones cibles de réalisation de la collecte des données.

En accord avec la méthodologie élaborée par le consultant, les ***travaux d'élaboration et de validation des outils de collecte de données (questionnaires)*** ont été réalisés selon un processus itératif impliquant les experts du PromAP et conformément à un cadre logique préalablement défini. Quatre questionnaires ont été construits et validés :

i. Un questionnaire servant de support à des entretiens semi-structurés auprès de personnes ressources. Ce questionnaire porte sur les caractéristiques biophysiques, démographiques et socio-économiques des terroirs villageois des sites agricoles de la PI, et l'historique de la PI dans ces terroirs villageois.

ii. Un questionnaire destiné à la collecte de données sous la forme d'entretien structuré auprès des chefs d'exploitation. Ce questionnaire vise à permettre la caractérisation structurelle des exploitations agricoles, et l'évaluation des performances économiques des types structurels de système de production. Il doit aussi permettre d'évaluer la contribution de la PI à l'économie de l'exploitation agricole par type de système de production.

iii. Un questionnaire portant sur les systèmes de culture administrés auprès des chefs d'exploitation. Celui-ci devrait permettre d'évaluer les caractéristiques des parcelles de la PI par système de culture, les logiques économiques poursuivies par les producteurs, les degrés de mobilisation de la main d'œuvre, les niveaux et l'évolution de la production, les calendriers culturaux, les itinéraires techniques, et les pratiques culturales sur les parcelles de la PI enquêtées.

iv. Un questionnaire administré à des groupes de discussion constitués d'au plus quatre chefs d'exploitation. Ce questionnaire a pour objectif l'évaluation des systèmes de production sur le site de la PI, des modalités de financement de la PI, et les techniques de conservation et de transformation des produits de la PI existants sur les sites de la PI enquêtés.

Ces outils de collecte de données ont fait l'objet de test terrain à Kahé et à Léléhi Maman Gnanli (à une vingtaine de Km de Niamey sur la route Niamey-Say).

Au terme de ces travaux d'élaboration et de validation des outils de collecte des données et après la mise en œuvre de la mission de terrain dans la région de Tillabéri, les deux équipes d'enquêteurs, appuyées par le consultant, ont réalisé, en partenariat avec l'Antenne régionale de Tahoua du PromAP, les travaux de terrain dans la région de Tahoua du 25/12/2019 au 5/04/2020.

Après la rédaction des rapports provisoires du diagnostic agricole dans les régions de Tillabéri et de Tahoua, j'ai réalisé, avec le soutien de deux équipes d'enquêteurs et des experts du l'antenne régionale d'Agadez du PromAP/GIZ, l'enquête de terrain dans la région d'Agadez du 3 au 15 juillet 2020.

Suite à cette collecte des données à travers 65 entretiens réalisés, cinq types généraux de résultats ont été atteints portant sur la caractérisation des sites agricoles, la typologie et les performances économiques des systèmes de production, les systèmes de culture/itinéraires techniques/calendriers culturaux, les systèmes de commercialisation/financement/transformation/conservation, et les implications pour la promotion d'innovations technologiques.

1. Caractéristiques des sites agricoles de la PI

Concernant les contextes historique, biophysique, et socio-économique des sites enquêtés, les résultats atteints sont définis comme suit :

i. Du point de vue historique, les sites de production visités résultent tous de la même dynamique qui a débuté au 18ème siècle dans la vallée d'Iférouane et qui, au gré des famines et des razzias, a été diffusée par des vagues successives dans tout le massif de l'Aïr et de ses zones environnantes.

ii. Au plan biophysique, tous ces sites exploitent uniquement les ressources en eau souterraines (nappe phréatique) dont la recharge est assurée par endroits par des seuils d'épandage construits par des projets/ programmes de développement dans les années 1970-2000.

iii. Sur les caractéristiques socio-démographiques, les exploitants agricoles par la PI dans la région d'Agadez sont essentiellement touaregs même si sur le site de Tabelot il a été remarqué la présence de chefs d'exploitation peulhs et haoussas. Les femmes, cheffes d'exploitation, sont présentes essentiellement sur les sites de Toumga et d'Intideynawen, même si dans l'Aïr, les femmes héritaient des jardins. Aussi, la part des jeunes dans la PI a connu une forte évolution sur la plupart des sites enquêtés à l'exception du site de Toumga où les exploitations sont détenues à plus de 70% par des personnes âgées.

iv. A propos des caractéristiques économiques, l'agriculture irriguée constitue la principale activité économique assurant la subsistance aux chefs d'exploitation ; l'élevage, le commerce, et l'orpaillage sont les activités économiques secondaires qui complètent la structure des sources de revenus sur les sites enquêtés de la PI. Comme dans les autres régions du Niger, la PI s'inscrit dans le cadre des stratégies d'adaptation des communautés locales aux chocs climatiques et économiques ; elle complète les autres activités agricoles (élevage en particulier) et non agricoles dans la formation des revenus au sein des ménages.

v. Au niveau de l'évolution des facteurs de production, si l'on note sur la plupart des sites des progrès significatifs sur l'utilisation d'équipements techniques performants et surtout dans le processus d'accumulation du capital humain, il n'en demeure pas moins vrai que certains sites présentent encore des conditions rudimentaires d'exploitation des parcelles de la PI.

vi. Sur les facteurs de différenciation entre les exploitations, selon les producteurs enquêtés, il n'existe pas de facteurs spécifiques aux exploitations de la PI et aux autres types.

vii. Enfin, le nombre relativement élevé d'exploitation par site de la PI explique à lui seul le degré élevé d'adoption de ce système de production agricole dans la région d'Agadez.

Les sites enquêtés présentent des spécificités résultant de leurs contextes socio-économiques, culturels, biophysiques, et environnementaux : le site de Tabelot réputé pour ses intermédiaires commerciaux, Timia oasis par excellence au cœur du développement de l'arboriculture dans le massif de l'Aïr, Téguert zone d'extension des sites maraichers de l'oasis de Timia qui connait un développement spectaculaire grâce aux revenus de l'or investis dans la PI, etc.

2. Typologie structurelle et performances économiques des systèmes de production

Considérant les trois principaux facteurs de production combinés dans le processus de production agricole par la PI (Travail, Capital, Terre), huit types de système de production ont été définis :

i. **Type de système de production 1** « Les plus nantis » : accès aux trois facteurs de production (capital technique et financier, main d'œuvre et terre). Ce type de système de production est présent essentiellement à Tabelot (2ème type le plus courant) et à Intideynawen (3ème type le plus courant).

ii. **Type de système de production 2 « métayers relativement aisés »**: accès au capital financier/technique, accès au travail, mais absence d'accès à la terre. Dans le massif de l'Aïr, ces cas sont extrêmement rares.

iii. **Type de système de production 3 « employeurs de main d'œuvre extérieure »** : Accès au capital financier/technique, non accès au travail, et accès à la terre. Ce type de système de production n'a pas été identifié sur les sites de la PI enquêtés.

iv. **Type de système de production 4 « investisseurs privés »** : Accès au capital financier/technique, non accès au travail, non accès à la terre. Comme précédemment, ce type de système de production n'a pas été identifié sur les sites de la PI enquêtés.

v. **Type de système de production 5 « producteurs limités par l'accès au capital »** : Non accès au capital financier/technique, accès au travail, accès à la terre. A l'image des sites de la PI enquêtés dans la région de Tahoua, ce type de système de production reste le plus courant sur chacun des sites de la PI de la région d'Agadez.

vi. **Type de système de production 6 « producteurs à force de travail » :** non accès au capital financier/technique, accès au travail, non accès à la terre. Ce cas retrace les caractéristiques courantes des populations extrêmement vulnérables qui ne disposent que d'une main d'œuvre familiale abondante sur laquelle repose le système de production. Ce système est présent à Tabelot (3ème type le plus courant), Timia Oasis (2ème type le plus courant), et à Toumga (3ème type le plus courant).

vii. **Type de système de production** 7 : Non accès au capital financier/ technique, non accès au travail, accès à la terre. Ce type de système de production a été identifié sur les sites de Téguert (2ème type le plus courant), Intideynawen (1er type le plus courant), et de Toumga (2ème type le plus courant).

viii. **Type de système de production 8 « producteurs sans aucun facteur de production ne disposant que de sa force de travail »** : Non accès au capital financier/technique, non accès au travail, non accès à la terre. Inexistant sur les sites de Tabelot et d'Intideynawen, quelques cas

L'analyse des performances économiques et financières de ces systèmes de production a fourni les résultats suivants :

i. D'abord, l'évaluation des performances économiques et financières du type de système de production le plus courant dans la région d'Agadez (type 5) fait apparaitre un double constat :

   ✓ D'une part, ce système de production se caractérise par de faibles performances économiques et financières sur les quatre sites de la PI où il est fortement répandu. Les rendements agricoles sont très faibles sur ces sites de la PI de telle sorte que la valeur ajoutée générée est insuffisante pour couvrir les charges d'exploitation.

   ✓ D'autre part, le contexte spécifique de la région d'Agadez caractérisé par un enclavement des sites de la PI et des modalités de commercialisation généralement en défaveur des producteurs ne contribue pas au développement de ce système de production qui souffre d'une contrainte essentielle ; celle des faibles capacités financières des chefs d'exploitation contraints de développer des systèmes de financement des opérations productives à travers des mesures qui, à moyen et long terme, les pénalisent fortement en les maintenant de manière durable dans ce système de production à faibles revenus.

ii. Deux types de système de production sont performants sur les cinq identifiés : le type 1 à Tabelot et le type 5 à Timia Oasis.

iii. Tous les systèmes de production axés sur le non accès au capital technique/financier se sont avérés non viables dans cette région. Si dans les deux autres régions enquêtées, le non accès au capital n'est pas un facteur vital pour la réalisation d'EBE élevé, par contre dans la région d'Agadez, celui-ci constitue un facteur incontournable pour la réalisation de résultats d'exploitation satisfaisants.

iv. Une forte corrélation est observée entre le niveau des investissements et les dépenses effectives annuelles réalisées sur l'exploitation.

v. Les exploitations à dépenses effectives élevées génèrent les productivités de la terre les plus importantes. Ainsi, ce sont les systèmes de production des types 1 et 5 qui font apparaitre des niveaux de productivité de la terre plus élevés.

vi. De même pour les productivités du travail et du capital, ce sont les systèmes de production de type 1 et 5 qui font apparaitre des résultats satisfaisants. Mais, l'exploitation de Toumga selon le système de production de type 5, qui avait présenté des productivités de la terre relativement faibles, enregistre une productivité du travail supérieure à celles des exploitations de Tabelot (Type 1) et de Timia Oasis (Type 5). Aussi, en matière de productivité du capital, cette exploitation enregistre les meilleurs résultats. Ces performances du système de production de type 5 sur le site de Toumga s'expliquent par un double facteur :

  - ✓ Une utilisation intensive du travail qui implique d'importantes économies sur la main d'œuvre employée (moins de 0,5 actif ETP/ha).
  - ✓ Une orientation du système de culture vers la monoculture d'oignon sur trois campagnes dans l'année permettant ainsi de bénéficier de niveaux de prix élevés et d'intensifier la production des cultures de rente.

Dans cette région, ce sont les externalités positives sur le capital technique/financier qui jouent un rôle déterminant dans les performances des systèmes de production.

3. Systèmes de culture/itinéraires techniques/calendriers culturaux

Les travaux de terrain ont permis l'identification de quatre systèmes généraux de culture sur les sites enquêtés :

i. ***Le système général des cultures maraichères*** axé essentiellement sur la production de légumes. Il est présent uniquement sur les sites de Tabelot et d'Intideynawen. En général, il s'agit d'un système de culture orienté exclusivement vers le marché.

ii. ***Le système général des cultures maraichères associées aux cultures céréalières*** est courant sur les sites de Téguert (Timia hors oasis) et à Toumga.

iii. ***Le système général de l'arboriculture pure*** que l'on retrouve sur tous les sites à l'exception de Toumga où l'arboriculture est toujours associée à d'autres types de culture.

iv. ***Le système général associant l'arboriculture, les cultures maraichères, et les cultures céréalières*** identifié sur tous les sites à l'exception de Téguert qui constitue un site d'extension de la petite irrigation se spécialisant soit dans les cultures maraichères associées ou non aux cultures céréalières et dans l'arboriculture pure. Ce système de culture est dominant dans l'Oasis de Timia où il a été adopté comme système de culture principal dans la palmeraie.

Les parcelles enquêtées présentent diverses caractéristiques biophysiques et démographiques :

i. Sur les superficies exploitées, les chefs d'exploitation ne mettent pas en valeur la totalité de leurs parcelles dans les systèmes de l'arboriculture pure, des cultures maraichères pures, et des cultures maraichères associées aux cultures céréalières.

ii. Concernant les sols, les parcelles, situées en général le long des koris, comprennent des sols de type sablonneux ou sablo-limoneux.

iii. La jachère demeure quasi-absente. Et, les stratégies de fertilisation des terres, à court et moyen terme, s'appuient essentiellement sur l'application d'engrais chimique associé à la fumure organique.

iv. La plupart des sites enquêtés sont enclavés à l'exception du site de Toumga qui est situé dans la ville de Tchirozérine (Chef-lieu de département).

v. Concernant le statut foncier, trois modalités d'occupation des terres ont été identifiées sur les cinq sites : propriétaire sans titre foncier sur la plupart des sites, propriétaire avec titre foncie***r*** à Tabelot et à Toumga., et la location avec diverses modalités de paiement.

vi. Les parcelles sont exploitées au cours des trois saisons de l'année.

vii. Enfin, les exploitants agricoles sont en général des hommes âgés (plus de 50 ans) ; les femmes et les jeunes sont minoritaires sur l'ensemble des sites de la PI enquêtés.

Les logiques économiques qui soutendent les exploitations de la PI sont doubles : la subsistance et l'accumulation du capital.

Sur les changements dans les caractéristiques des parcelles enquêtées au cours des deux dernières années (2018-2019), la diminution de la fertilité des sols sur les sites enquêtés constitue le principal changement observé.

Dans l'exploration des ***itinéraires techniques***, il a été considéré sept chantiers dont l'évaluation a fourni les résultats suivants :

i. Sur ***le travail du sol***, deux principales remarques :

   ✓ Le travail du sol s'exerce sur toute la parcelle avant la confection des planches.

   ✓ Des ouvriers agricoles, spécialisés dans le labour, sont associés à la main d'œuvre familiale pour la réalisation de ces travaux de préparation du sol.

   ✓ L'usage du tracteur est devenu systématique sur la plupart des sites enquêtés.

   ✓ Les dimensions des planches, la densité des arbres fruitiers, et les systèmes de rotation d'une saison à une autre demeurent quasi-identiques sur tous les sites enquêtés.

ii. Concernant les ***pratiques de semis, incluant les choix variétaux***, il a été observé sur les sites enquêtés :

   ✓ Des pratiques variétales axées sur les savoir-faire locaux qui sont déterminées essentiellement par les capacités financières des exploitants agricoles et les systèmes de culture appliqués.

   ✓ Plusieurs contraintes dans l'accès aux semences de qualité liées en général au manque de ressources financières et aux faibles stocks disponibles au sein des magasins des coopératives maraichères.

   ✓ Des pratiques de semi qui sont quasi-identiques à celles observées dans les régions de Tillabéri et de Tahoua avec quelques innovations sur certaines parcelles notamment dans les systèmes de cultures maraichères, céréalières, et l'arboriculture.

   ✓ D'importants efforts de la part des exploitants agricoles en matière de production de semences et de plants locaux.

iii. Au niveau des ***pratiques de gestion de l'eau***, les sites enquêtés se caractérisent par l'usage du gaz domestique comme carburant dans le fonctionnement des motopompes et surtout par l'adoption des pompes solaires qui, dans la plupart des cas, résultent d'investissements privés. Quatre principales contraintes sont observées : les prix élevés des équipements et du carburant (essence), la disponibilité du carburant (gaz et essence), les faibles capacités des exploitants à financer l'achat du carburant, et les pénuries d'eau en saison sèche et chaude. La planification des activités d'exhaure/irrigation reste non formelle. Comme dans les autres régions enquêtées, les stratégies de lutte contre l'évaporation, la pollution et l'érosion hydrique sont rudimentaires et quasi-inexistantes sur la plupart des parcelles visitées. La main d'œuvre employée dans la mise en œuvre des activités d'exhaure/irrigation varie en fonction des ressources des exploitants et de leurs stratégies d'exploitation de leurs parcelles plutôt que de la nature des systèmes de culture.

iv. Sur les ***pratiques de fertilisation des sols***, il était apparu de faibles disparités dans les pratiques de court, moyen, et long terme entre les systèmes de culture même si les systèmes de cultures maraichères et céréalières présentent des tendances à une utilisation plus intensive de l'engrais chimique (urée et NPK 15-15-15)

v. Sur la ***gestion des adventices***, les exploitants ont privilégié les pratiques de labour/arrachage/sarclage sur la majorité des parcelles même si à Tabelot par exemple certains exploitants appliquent des herbicides chimiques.

vi. A propos de la ***gestion des ravageurs***, les exploitants agricoles appliquent uniquement des insecticides chimiques sur leurs parcelles notamment sur les cultures d'oignon.

vii. Enfin sur la ***gestion des travaux de récolte et post récolte***, les pratiques dépendent principalement des modalités de financement et d'organisation de la production au cours de la saison. Sur les sites de Tabelot, Timia, Téguert et d'Intideynawen, les intermédiaires commerciaux jouent un rôle essentiel dans la mise en œuvre de ces activités qui sont en général conduites par la main d'œuvre familiale et des ouvriers agricoles.

Aussi, ***l'analyse comparative des quantités de main d'œuvre mobilisées dans la mise en œuvre de l'itinéraire technique*** montre que ce ne sont pas les systèmes de culture qui déterminent fondamentalement la structure et les quantités par activité de la main d'œuvre employée. Plutôt, ce sont les modalités d'exploitation mises en œuvre par chaque chef d'exploitation qui déterminent in fine les quantités de travail mobilisées et leurs structures au niveau de chaque parcelle.

De même, il a été montré que les rendements agricoles dépendent beaucoup plus des modalités d'exploitation des parcelles que des systèmes de culture. En d'autres termes, les systèmes de culture ne modèlent pas la structure des rendements réalisés.

En définitive, l'évaluation des performances économiques et financières des systèmes de culture a fourni les conclusions ci-après :

i. Au niveau des consommations intermédiaires, les systèmes de cultures maraichères et/ou céréalières enregistrent les niveaux les plus élevés de dépenses pour la réalisation des campagnes agricoles.

ii. Concernant le nombre de jours mobilisés par hectare, les niveaux réalisés demeurent sensiblement identiques à l'exception de certaines parcelles comme notamment à Téguert et à Toumga pour le système de cultures maraichères associées aux cultures céréalières, et à Téguert et Intideynawen pour l'arboriculture pure.

iii. De même pour la productivité du travail calculée sur la base de la valeur ajoutée brute, les systèmes de l'arboriculture pure et de l'arboriculture associée aux cultures maraichères et céréalières présentent les niveaux les plus élevés de productivité de travail que les autres systèmes de culture.

iv. Aussi, au niveau des productivités de la terre, il apparait que les systèmes de l'arboriculture en pure ou en association présentent des performances agronomiques plus satisfaisantes que celles des autres systèmes de culture.

v. Comme corollaire des observations précédentes, la productivité du capital est plus élevée dans les systèmes de l'arboriculture en pure ou en association que les autres systèmes de culture identifiés.

Enfin, l'évaluation du calendrier cultural a permis d'établir les constats suivants :

i. Sur les choix des périodes et des types de culture, il n'y a point de différences significatives avec les autres régions enquêtées : les choix des périodes de culture sont individuels. Par contre les choix des cultures demeurent collectifs.

ii. Les exploitants agricoles des cinq sites agricoles de la PI enquêtés exécutent, à peu de différence près, les mêmes calendriers culturaux en fonction des conditions biophysiques des sites.

4. Systèmes de commercialisation/financement/conservation/ transformation

Cinq principaux systèmes de commercialisation ont été observés dans la région d'Agadez :

i. La vente directe sur parcelle à des grossistes extérieurs.

ii. La vente directe après récolte à des intermédiaires commerciaux et détaillants locaux, et à des consommateurs des villages situés à proximité du site de production

iii. La vente sur les marchés hebdomadaires.

iv. La vente des cultures avant maturité à des grossistes et intermédiaires commerciaux intervenant sur les sites de la PI.

v. Les foires commerciales organisées à Niamey.

Résultant des systèmes de commercialisation, les modalités de financement de la PI sur les sites enquêtés sont définies comme suit :

i. Le financement par les intermédiaires commerciaux des activités de production agricole par la PI.
ii. Le financement à partir de ressources propres issues de tontines, de l'élevage (vente d'animaux), du commerce, de l'exode, et/ou d'autres activités agricoles/non agricoles.
iii. Le financement par l'achat à crédit des intrants agricoles, de l'alimentation de la famille, et d'autres produits nécessaires à la mise en œuvre de la campagne agricole.
iv. Le financement à travers un crédit contracté auprès de proches parents.
v. Le financement à travers une subvention de projets/programmes de développement ou d'autres institutions caritatives.

Toutes les réformes actuelles sur le financement de la PI au Niger, initiées à travers le FISAN, ne sont pas connues par les exploitants agricoles.

Enfin, les sites enquêtés dans la région d'Agadez se caractérisent par un faible développement des systèmes de conservation et de transformation des produits agricoles par la PI malgré les multiples interventions des projets/programmes de développement. Il subsiste encore quelques pratiques ancestrales : séchage des dattes qui permet aux familles de conserver leur production en vue de sa consommation, et le séchage de la tomate, du poivron, et du piment local.

5. *Conclusions en termes d'implication pour la promotion d'innovation*

L'étude de diagnostic agricole dans la région d'Agadez révèle deux principaux constats :

i. Les transformations structurelles désirées ne se sont pas produites de manière satisfaisante même si cette région se caractérise par un développement plus important de la PI que dans les autres régions enquêtées en raison des taux d'investissement directs privés élevés.

ii. La région d'Agadez se caractérise par le plein emploi des ressources foncières et de la main d'œuvre familiale, un niveau élevé des investissements privés, une intensification des cultures pendant toute l'année, et un degré élevé de qualification de la main d'œuvre extérieure.

Ainsi, plusieurs innovations technologiques ont été identifiées sur les sites de la PI : labour avec le tracteur, semi en ligne, à sec ou après humidification de certaines cultures, emploi du gaz domestique et des pompes solaires, réseau californien, etc.

Sans nul doute, d'autres innovations devraient contribuer à améliorer les performances agronomiques, économiques, et financières des systèmes de culture et des systèmes de production. Plusieurs pistes ont été explorées de manière succincte :

i. ***Innovations dans le travail du sol***

L'exploitation des parcelles sans la réalisation des travaux préparatoires du sol (labour et défrichage) et le sarclage des planches.

ii. ***Innovations dans les pratiques variétales et de semis***

- ✓ Mise en œuvre de méthodes efficaces de diffusion des informations sur les variétés et les bonnes pratiques variétales et de semi.
- ✓ Promouvoir les innovations en vue de l'amélioration des taux de germination des semences.
- ✓ Innover dans la maitrise des périodes de floraison des arbres fruitiers.

iii. ***Innovations en matière de pratiques de gestion de l'eau***

- ✓ Accès à des innovations peu coûteuses permettant une exploitation optimale et efficace de l'eau
- ✓ Diffusion de pratiques de gestion intégrée et durable des sources d'eau à travers le Conseil Agricole.
- ✓ Réalisation d'infrastructures de maitrise des eaux des koris à travers des retenues d'eau dans le massif de l'Aïr.

iv. ***Innovations dans la gestion de la fertilité des sols***

Promotion d'une production maraichère sans aucun produit chimique.

v. ***Innovations dans les pratiques de gestion des adventices/ravageurs***

- ✓ Promotion d'une production maraichère sans utilisation de produits chimiques phytosanitaires et de l'utilisation des produits bio.
- ✓ Innovation en matière de la lutte intégrée et durable contre les ravageurs et les adventices.

Toutes ces innovations peuvent contribuer au développement de la petite irrigation dans la région si et seulement si des transformations structurelles sont réalisées : le renforcement des chaines de valeurs par le développement de sociétés coopératives, détenues exclusivement par les exploitants agricoles, est un creuset institutionnel pour ancrer ces innovations d'abord dans l'esprit des producteurs et ensuite dans leurs pratiques en les aidant à mobiliser les ressources nécessaires à l'investissement et la mise à l'échelle des technologies appropriées.

Introduction

En 1960, la population de la république du Niger était estimée à 3 millions d'habitants inégalement répartis sur une superficie de 1 267 000 Km² dont plus des deux tiers sont désertiques. La population s'élevait en 2015 à 18 millions d'habitants dont près de 70% ont moins de 30 ans. Avec un taux d'accroissement démographique de près de 4 % par an (INS, 2019), la population nigérienne s'élèvera à plus de 42 millions d'habitants en 2035, (correspondant à un doublement en 18 ans).

Près de 85% des nigériens tirent leurs revenus de l'agriculture et de l'élevage. Les capitaux principaux sinon exclusifs de ces systèmes de production pratiqués reposent sur les ressources naturelles, la force de travail des populations et les technologies adoptés.

Une mutation profonde de cette structure rurale de l'économie du Niger est peu probable à l'échéance d'une génération.

Depuis les années 1970, les conditions de mise en valeur de certains agrosystèmes se sont dégradées : la généralisation et l'aggravation de la pauvreté[2], accompagnée par un accroissement significatif de la fréquence des déficits alimentaires sévères[3] qui sont devenus progressivement chroniques, résulte principalement des niveaux élevés de sous-emploi caractérisé par une insuffisance de la rémunération et/ou du temps de travail, et de la faible productivité des systèmes de cultures et de production-conduisant inévitablement à une diminution significative des rendements agricoles.

Jusqu'au début des années 1980, pour répondre à la demande croissante de la consommation et assurer la sécurité alimentaire à tous, les stratégies dominantes ont été surtout l'extension de l'emprise agricole et la réduction de la jachère (la durée moyenne de la jachère est passée de 7 à 3 ans entre 1960 et 1980[4]). Celles-ci ont débouché sur la mise en œuvre des programmes régionaux « productivité » qui devaient contribuer à accroitre les capacités de production agricole et améliorer durablement les rendements. Cependant, la crise de la dette du tiers monde qui s'est traduite au Niger par la mise en place de la première facilité d'ajustement structurel en 1981 par le FMI, et surtout la sécheresse de 1983-1984, ont conduit à l'abandon de ces régulations globales au profit d'une approche communautaire. Celle-ci a jeté les bases d'une mobilisation véritable des populations rurales autour des activités de « contre saison » à travers lesquelles les autorités politiques comptaient pallier aux insuffisances de la production hivernale résultant des effets des changements climatiques en

[2] Pays le plus pauvre au monde en matière d'indice de développement humain (Rapport sur le développement dans le monde, 2019)

[3] Famines de 1973, 1984, des années 1990, 2005, et 2010

[4] Issa Ousseini (2002)

réduisant le sous-emploi dans le secteur agricole et en augmentant les capacités productives des communautés rurales vulnérables.

Contrairement aux idées développées par certains experts selon lesquels « la petite irrigation a réellement commencé à se développer après les sécheresses de 1983 à travers les cultures de contre saison[5] », cette nouvelle orientation stratégique correspondait à une mise à l'échelle de pratiques traditionnelles qui avaient cours principalement dans le bassin du fleuve Niger, dans les oasis de la région d'Agadez, et autour de certaines mares dans les régions sud du pays. De même, les perspectives décennales 1964-1973 soulignaient la nécessité de renforcer l'exploitation de l'important potentiel d'irrigation du pays à travers notamment des exploitations agricoles de grande taille qui pourrait absorber l'importante quantité de main d'œuvre sous-employée dans l'agriculture pluviale.

Cet engagement de l'État dans la petite irrigation a été renforcé à partir de la seconde moitié des années 1990 par les appuis des partenaires techniques et financiers, qui après les échecs des premiers programmes d'ajustement structurel[6] ayant conduit à des crises sociales graves, ont décidé de mobiliser plus de ressources financières en faveur de l'aide publique au développement à travers des programmes d'ajustement structurel renforcés.

Dans ce cadre, la Banque mondiale s'est engagé en 1996 à appuyer le Gouvernement du Niger dans le développement de la petite irrigation à travers d'une part la mise en œuvre des phases successives du Projet de Promotion de l'Irrigation Privée (PIP), et d'autre part la structuration du sous-secteur avec la création d'une structure privée : l'Association Nigérienne pour la Promotion de l'Irrigation Privée (ANPIP) regroupant tous les professionnels de l'irrigation privée. Au cours des années 2000, cette coopération avec la Banque mondiale a suscité une intervention accrue dans la petite irrigation d'autres partenaires financiers et techniques multilatéraux tels que l'Union Européenne (Projet ASAPI), le FIDA, la FAO, ainsi que de partenaires de coopération bilatérale (les coopérations suisse, allemande, française, belge, danoise, américaine, et canadienne). Ceci a contribué à l'introduction et la diffusion d'innovations technologiques dans les systèmes de production, incluant des équipements techniques de production et des intrants dont l'acquisition a été facilitée par des subventions, l'octroi de crédits, ou selon une approche de partage des coûts. L'État et les PTFs ont ainsi souhaité soutenir la promotion de filières à fort potentiel d'exportation, notamment en appuyant les producteurs dans la mise en place de plateformes de commercialisation. Ils ont également tenté de structurer

[5] SPIN (2015), page 26

[6] Dans le cadre de la résolution de la crise de la dette, l'aide publique au développement a été conditionnée par l'établissement des Facilités d'Ajustement Structurel (FAS) dans les années 1980, puis des Facilités d'Ajustement Structurel Renforcé (FASR) dans les années 1990 et enfin des Facilités pour la Réduction de la Pauvreté et la Croissance (FRPC) dans les années 2000.

les producteurs agricoles par la PI, à travers la création d'OCB et d'organisations faitières, et de former les exploitants agricoles par la PI à de nouvelles pratiques de gestion des différentes étapes des itinéraires techniques.

Mais, elles s'appuient sur une nouvelle approche, celle de la gestion par le cycle de projet, qui privilégie plus les interventions de court et moyen terme reléguant l'État au rôle de partenaire passif abandonnant progressivement, au profit d'une politique de « laissez-faire », son rôle de principal acteur de régulation à long terme dans le sous-secteur de la petite irrigation. Dans cette perspective, si à la fin des années 1990, l'État semblait privilégier un développement de la PI axé sur l'entreprenariat privé, par contre à partir de 2000, à la faveur des plans nationaux de lutte contre la pauvreté (facilités pour la réduction de la pauvreté et la croissance-FRPC-), l'approche communautaire de la sécurité alimentaire a été promue particulièrement par les principaux bailleurs de fonds. Cette approche communautaire a été définitivement établie comme stratégie nationale de développement suite aux sécheresses de 2005-2006, avec la création en 1998 du Dispositif National de Prévention et de Gestion des Crises Alimentaires (DNPGCA) doté d'une Cellule Crises Alimentaires (CCA) à partir de 2002, et en 2012 de l'Initiative 3N sous la forme d'un programme d'investissement qui, en 2017, mettra en place le FISAN dont la première facilité est dédiée au « soutien au financement agricole » sous la forme d'« appuis aux investissements privés à travers le crédit et à d'autres formes de financement (garantie, investissement, etc.) »[7].

A cet égard, l'État a opté pour la mise en œuvre concomitante de deux approches profondément contradictoires dans leurs esprits et objectifs : la première est orientée vers le développement du secteur privé et les exportations des produits agricoles. La seconde a pour objectif principal la sécurité alimentaire et nutritionnelle c'est-à-dire la subsistance.
Ce dualisme stratégique, malgré des investissements massifs, a, sans nul doute, été à l'origine des performances encore moins satisfaisantes des systèmes de culture/production dans la petite irrigation au Niger :
« Aujourd'hui, la petite irrigation est généralement considérée comme une activité de « subsistance ». En effet, la situation actuelle de l'irrigation (faible niveau de rendement, non- professionnalisation de l'activité et faible développement des maillons de la « chaine de valeur PI ») ne permet pas au producteur de dégager un bénéfice net suffisant pour couvrir ses autres besoins économiques et d'améliorer son bien-être. Aussi, le fort taux d'analphabétisme en milieu rural (sur les 86% d'analphabètes, 87% vit en milieu rural) limite la capacité des producteurs à internaliser les nouvelles technologies de production (fiches techniques par exemple) »[8].

---

[7] FISAN (août 2017), page 12
[8] SPIN (2015), page 34

C'est dans ce contexte particulier, et au terme des cycles du projet LuCop, que la Coopération Allemande au Niger a décidé de s'engager de manière plus active et plus ciblée dans la petite irrigation à travers un programme de Promotion de l'Agriculture Productive (PromAP) :

- ✓ La phase I (2012-2015) a contribué à l'élaboration de la Stratégie de la Petite Irrigation au Niger adoptée en 2015 en conseil des ministres, soutenu la politique foncière, ainsi que le cadre de concertation sur la PI à différents niveaux. De même, elle a assuré le renforcement des capacités des prestataires privés et étatiques à travers notamment l'appui à l'élaboration et à la mise en œuvre du plan Stratégique de Renforcement des Capacités des Acteurs de la Petite Irrigation. Enfin, elle a jeté les bases d'un renforcement durable des capacités techniques des producteurs et productrices ainsi que leurs organisations.
- ✓ La phase II, couvrant la période 2016-2018 et comportant 5 composantes, avait pour objectif général la « mise en valeur durable du potentiel économique des superficies aménagées de la petite irrigation dans les sites des régions d'Agadez, Tahoua et Tillabéri ». Cette phase a permis d'accroître le nombre de sites et de producteurs accompagnés par le projet, respectivement de 41% (327 sites en 2018 contre 231 sites au démarrage en 2016) et 38% (49.302 producteurs accompagnés en 2018 contre 35.694 en 2016). Ceci correspond à une augmentation de 63% des superficies exploitées par les exploitants agricoles bénéficiaires du projet. La seconde phase du projet a également été consacrée à l'appui à l'État en vue de l'institutionnalisation de la PI. Elle a permis de jeter un regard critique sur la mise en œuvre de la politique foncière. Elle a engagé l'introduction de technologies innovantes et la valorisation d'innovations endogènes. À ce titre, cette phase a été consacrée à l'appui aux dispositifs de formation en petite irrigation : élaboration de plans et stratégies, développement de l'offre en formations, mise en œuvre de formations. Enfin, cette phase a contribué à la promotion d'un conseil agricole adapté selon le niveau de maitrise des thèmes par les producteurs.
- ✓ La Phase III (2019-2021), en cours d'exécution, compte quatre composantes. Elle vise notamment à contribué à l'identification, à l'expérimentation et au développement d'innovations techniques prometteuses (composante 3).

La présente étude diagnostic s'inscrit dans le cadre de la mise en œuvre des objectifs de la composante 3 du PromAP. Elle est justifiée par la nécessité d'évaluer les marges de manœuvre techniques mobilisables aux différents stades des itinéraires techniques pour contribuer à améliorer les performances agronomiques, économiques, et environnementales des systèmes de culture/systèmes de production par la PI dans les trois régions d'intervention du PromAP (Agadez, Tahoua, et Tillabéri).

Les résultats attendus de cette étude diagnostic comportent deux principaux niveaux :

iii. ***Au niveau régional, il est attendu*** :

1. la réalisation d'une typologie des sites de la PI basée sur les contraintes/opportunités d'ordre biophysique et socioéconomique ;
2. une description des formes d'organisation collective autour de la production agricole irriguée ;
3. une typologie des systèmes de production intégrant la PI selon le niveau d'accès aux facteurs de production.

iv. ***Au niveau de chacun des sites enquêtés, il est attendu*** :

4. une description analytique des calendriers culturaux ;
5. une analyse descriptive des itinéraires techniques pratiqués dans les systèmes de culture avec PI ;
6. L'élaboration d'une typologie des systèmes de cultures irrigués mobilisant la PI de manière permanente ou temporaire selon le niveau de technicité mobilisé ;
7. Une analyse des performances agronomiques des systèmes de culture en PI ;
8. Une analyse des performances économiques des systèmes de culture en PI ;
9. Une liste des pistes pour la co-conception-évaluation d'innovations techniques et organisationnelles pour la PI, s'appuyant sur l'analyse fine des systèmes de culture en PI.

Pour atteindre les résultats attendus, la démarche méthodologique de mise en œuvre de cette étude de diagnostic agricole dans les trois régions d'intervention du PromAP (Tillabéri, Tahoua, et Agadez) a comporté six étapes principales : (i) une recherche documentaire à Niamey auprès du PromAP et des autres institutions, (ii) la réalisation d'une typologie des sites agricoles de la PI dans les trois régions d'intervention du PromAP à partir de la structure des zones identifiées, (iii) la conception par le Consultant et la validation par les antennes régionales du PromAP d'un échantillonnage des sites de la PI dans chaque région devant accueillir les travaux d'enquête de terrain, (iv) la conception/validation des outils de collecte de données selon un processus itératif entre le Consultant et les experts du PromAP, (v) la collecte des données auprès des personnes et/ou groupes cibles dans chaque région d'intervention du PromAP en partenariat avec les antennes régionales, et (vi) la rédaction et validation des rapports régionaux et nationaux.

Suite à la réalisation de la recherche documentaire, il a été procédé à l'identification des sites de la PI dans les trois régions cibles et à l'élaboration/validation de la typologie des sites agricoles de la PI. A partir de ces résultats, l'échantillon des sites d'enquête a été déterminé et validé pour chacune des régions d'Agadez, de Tahoua, et de Tillabéri. Puis, dans le strict respect de la méthodologie prédéfinie, les outils de collecte de données (questionnaires) ont été conçus et validés. Au terme de ce processus de conception/validation des outils devant servir de base à l'étude diagnostic, les enquêtes de terrain ont été réalisées dans les cinq sites de la région de Tillabéri c'est-à-dire successivement à Guéladio, Sarando, Téra, Guessé et Bonkoukou selon un calendrier prédéfini. Deux équipes d'enquêteurs, placés sous la supervision technique du Consultant, ont procédé à la collecte des données auprès de personnes ressources et/ou d'exploitants agricoles par la PI sur chacun des sites identifiés du 19/11/2019 au 3/12/2019. Le document de l'étude de diagnostic agricole dans la région de Tillabéri a été élaboré.

Parallèlement à ces travaux d'élaboration de ce document pour la région de Tillabéri, deux équipes d'enquêteurs ont été mobilisées pour réaliser ces travaux de terrain dans la région de Tahoua, région qui constitue la deuxième étape de mise en œuvre du diagnostic agricole dans les zones d'intervention du PromAP.

Dans ce cadre, la région d'Agadez a constitué la 3ème étape de l'enquête de terrain qui s'est déroulée du 3 au 15 juillet 2020 dans les cinq sites sélectionnés. Le présent document est consacré à l'analyse des résultats de cette enquête de terrain dans la région d'Agadez. Il comporte trois parties et une conclusion analytique :

i. Une première partie consacrée à la définition/clarification des concepts utilisés dans le document devenu nécessaire pour éviter des confusions dans les analyses des résultats ;

ii. Une deuxième partie présentant la méthodologie de collecte des données (identification des sites agricoles, détermination de la typologie des sites agricoles, détermination des sites à enquêter, élaboration/validation des outils de collecte de données) ;

iii. Une troisième partie qui évalue les résultats de l'enquête de terrain à travers la présentation des résultats relatifs à la structure des données collectées, à la caractérisation des sites agricoles de la PI enquêtés, à la typologie et aux performances économiques des systèmes de production, aux systèmes de culture/itinéraires techniques/calendriers culturaux, et sur les systèmes de commercialisation/financement/ conservation/transformation.

iv. Enfin, la conclusion a été présentée sous la forme d'implication des résultats en termes de marges de manœuvre techniques mobilisables aux différents stades des itinéraires techniques pour contribuer à améliorer les performances agronomiques, économiques, et environnementales des systèmes de culture/production, les conditions socio-économiques et biophysiques des sites étant données.

I. Notes préliminaires : définition des concepts

Dans le présent document, nous conviendrons des définitions suivantes :

I. **Par site agricole de la petite irrigation,** il faut entendre **un site d'exploitation agricole par la petite irrigation qui est un espace** (un village, des exploitations agricoles autour d'un point d'eau, ou une grappe de villages) **aux conditions socio-économiques et biophysiques homogènes sur lequel la petite irrigation est développée.** Ce lieu est identifié à partir de critères sélectionnés au sein de chaque région administrative d'intervention du PromAP de manière objective (sur la base de caractéristiques spécifiques des sites) et non hiérarchisée (tous les critères ont le même poids dans l'identification du site).

II. Conformément à la SPIN, la petite irrigation au Niger désigne : « **Toute exploitation hydro-agricole autonome de taille maîtrisée, individuelle ou collective, économiquement viable et écologiquement durable, aménagée avec des technologies adaptées au savoir – faire local** »[9]. L'application de manière *stricto-sensu* de cette définition conduirait à des impasses incontestables : les caractéristiques de viabilité économique, de durabilité écologique, et de technologies adaptées au savoir-faire local, purement subjectives et déterminées par les modalités d'exploitation agricole, conduiraient à une exclusion de la majorité des exploitations agricoles de la PI au Niger. En cela, nous conviendrons que la PI désigne naturellement et simplement **toute exploitation hydro-agricole autonome, de taille maitrisée, individuelle ou collective**.

III. Sur la base des documents, de la Stratégie Nationale de l'Irrigation et de la Collecte des Eaux de Ruissellement, de la Stratégie de la Petite Irrigation au Niger (SPIN), et de la Revue sectorielle de l'Irrigation, **la Petite Irrigation comprend : (i) les petits périmètres d'irrigation privée (PIP), (ii) la grande et moyenne irrigation commerciale (GMIC), et les périmètres de contre saison (PCS)**. Les Aménagements Hydro-Agricoles de moyenne et de grande taille en sont exclus[10]. Si jusqu'à la fin des années 1990, le concept de périmètre de contre-saison gardait toute sa signification première, à partir du début des années 2000, la plupart de ces sites ont été transformés en périmètres d'irrigation privée, les propriétaires des terres ayant récupéré leurs terres pour les exploiter eux-mêmes (directement ou indirectement). Aussi, et de plus en plus, des projets/programmes de développement en faveur de communautés vulnérables (femmes en particulier) créent des périmètres

---

[9] Ministère de l'Agriculture (2015) : « Stratégie de la Petite Irrigation au Niger », Niamey, Niger, 2015, page 10

[10] Ministère de l'Agriculture (2015) : « Stratégie de la Petite Irrigation au Niger », Niamey, Niger, 2015, page 44

de la petite irrigation caractérisés par une gestion collective de l'eau et une exploitation individuelle des parcelles contenues dans le périmètre. Même dans ces cas, les terres louées sont récupérées par leurs propriétaires à la fin du projet (ne dépassant pas en général cinq ans) comme les exploitants ne parviennent pas à poursuivre leurs activités sans un appui extérieur. Le retrait progressif de l'Etat dans la gestion du foncier et des ressources en eau destinées à la petite irrigation, et surtout principalement les tendances actuelles d'une généralisation de la petite irrigation en toute saison expliquent le caractère inapproprié du concept de contre-saison. Par conséquent, il sera beaucoup plus utilisé le concept de PIP tout en soulignant les cas où le PCS a été transformé en PIP.

IV. **Le système de production** est un ensemble structuré de moyens de production combinés entre eux pour assurer une production végétale et/ou animale en vue de satisfaire les objectifs et besoins de l'exploitant et de sa famille. Le niveau d'analyse est ici **l'unité de production c'est-à-dire l'exploitation agricole** qui peut comprendre plusieurs parcelles. Les facteurs de production considérés sont : **le travail, le capital technique (matériel/équipements de production/troupeau) et la terre**. Sur le travail se greffe le **capital humain.** Le **capital technique est l'une des sources** de **progrès technique/d'innovation technologique, avec les pratiques de production et les formes d'organisation des producteurs**. Le capital humain et le progrès technique concourent à la mise en œuvre de **rendements d'échelle croissants** (fonction de production Cobb-Douglas)[11]. Jusqu'à présent, aucune définition formelle des fonctions de production dans le secteur de la production agricole en PI n'a été engagée[12] au Niger. Une telle analyse prospective nécessiterait des données microéconomiques de moyen et long terme susceptibles de contribuer à la détermination des courbes des possibilités de production. Le présent diagnostic agricole présentera une tentative de modélisation des fonctions de production agricole en PI observées sur les sites agricoles sélectionnés.

V. **Le système de culture** est l'ensemble des modalités techniques mises en œuvre sur des parcelles cultivées de manière identique. Il se définit par :

---

[11] La fonction de production Cobb-Douglas est déterminée comme suit : Y : $AK^{\alpha}L^{\beta}$ avec Y= fonction de production, K= le capital technique, L=travail, A, α et β sont des constantes. Dans cette fonction de production, on montre que si $\alpha+\beta = 1$, les rendements d'échelle sont constants, par contre si $\alpha + \beta > 1$ les rendements d'échelle sont croissants. Si $\alpha + \beta < 1$, les rendements d'échelle sont décroissants. Cette fonction de production permet de comprendre la nature des corrélations et/ou des interrelations entre les facteurs de production d'une part, et d'autre part entre la production et les facteurs de production. Ce qui jusqu'à présent n'a jamais été entrepris au Niger dans la cadre du secteur de l'agriculture en général, et de la petite irrigation en particulier.

[12] Notre recherche documentaire sur ce thème s'est avérée infructueuse.

(i) la nature des cultures et leur ordre de succession et par (ii) les itinéraires techniques appliqués à ces différentes cultures, ce qui inclut le choix des variétés parmi les pratiques de culture. L'itinéraire technique ayant été lui-même défini comme « **une combinaison logique et ordonnée de techniques qui permettent de contrôler le milieu et d'en tirer une production donnée.** » (Sebillotte, 1974). Lorsque les systèmes de culture sont définis comme des mécanismes principalement agronomiques, il est difficile de comprendre ses dynamiques fonctionnelles et donc de pouvoir en expliquer ses caractéristiques et ses fondements opérationnels. Il demeure incontestable que les systèmes de culture sont pour partie déterminés par les systèmes économiques déterminant l'exploitation agricole ; ce sont les facteurs socio-économiques, surtout dans ce contexte multi-contraignant, qui déterminent les choix fait en vue de la création de valeurs et non l'inverse. Dans ce cas, toute chose égale par ailleurs, les systèmes de culture sont un résultat ou une conséquence des comportements microéconomiques des exploitants agricoles de la PI[13], mais aussi des contextes de production.

[13] C'est principalement cette approche qui ressort de la SPIN contrairement à plusieurs projets/programmes de développement et instituts de recherche qui se focalisent essentiellement sur les aspects agronomiques.

II. Méthodologie de collecte des données dans la région d'Agadez

Comme pour les deux autres régions, la mise en œuvre de la collecte des données dans la région d'Agadez s'est réalisée selon quatre principales étapes :

- ✓ Etape 1 : une recherche documentaire à Niamey (PromAP, Ministère de l'agriculture et de l'élevage, Faculté d'Agronomie, etc.) et à Agadez (services techniques régionaux et départementaux de l'agriculture, Chambre d'agriculture régionale, projets/programmes intervenant dans la région d'Agadez dans le secteur de la PI, etc.) pour établir un inventaire des sites agricoles de la PI dans cette région et fournir une caractérisation de ceux-ci ;
- ✓ Etape 2 : un échantillonnage des sites agricoles irrigués répertoriés dans la région d'Agadez, à partir de critères spécifiques, en accord avec les TDR,
- ✓ Etape 3 : l'élaboration et la validation des outils de collecte de données établis sous la forme de questionnaires servant de support à des entretiens semi-structurés et structurés, et des discutions de groupe.
- ✓ Etape 4 : l'organisation de la collecte des données sur les sites agricoles de la PI validés par l'antenne régionale du PromAP.

En définitive, nous présenterons successivement les travaux d'échantillonnage, d'élaboration et de validation des outils de collecte de données, et de collecte de données dans la région d'Agadez.

A. Travaux d'identification des sites agricoles de la PI dans la région d'Agadez

L'identification des sites agricoles de la PI dans la région d'Agadez a d'abord consisté à établir la liste des sites agricoles de la PI existants, sur la base des informations collectées. Il s'agissait ensuite de définir les critères généraux et spécifiques à prendre en considération pour élaborer une typologie des sites agricoles de la PI adaptée au contexte de la région d'Agadez, et enfin à arrêter, en collaboration avec les experts du PromAP, l'échantillon des sites agricoles irrigués à enquêter pour collecter les données d'analyse des exploitations agricoles et systèmes de cultures irriguées (schéma 1 ci-dessous).

Schéma 1 : processus d'identification et de validation des sites agricoles de la PI

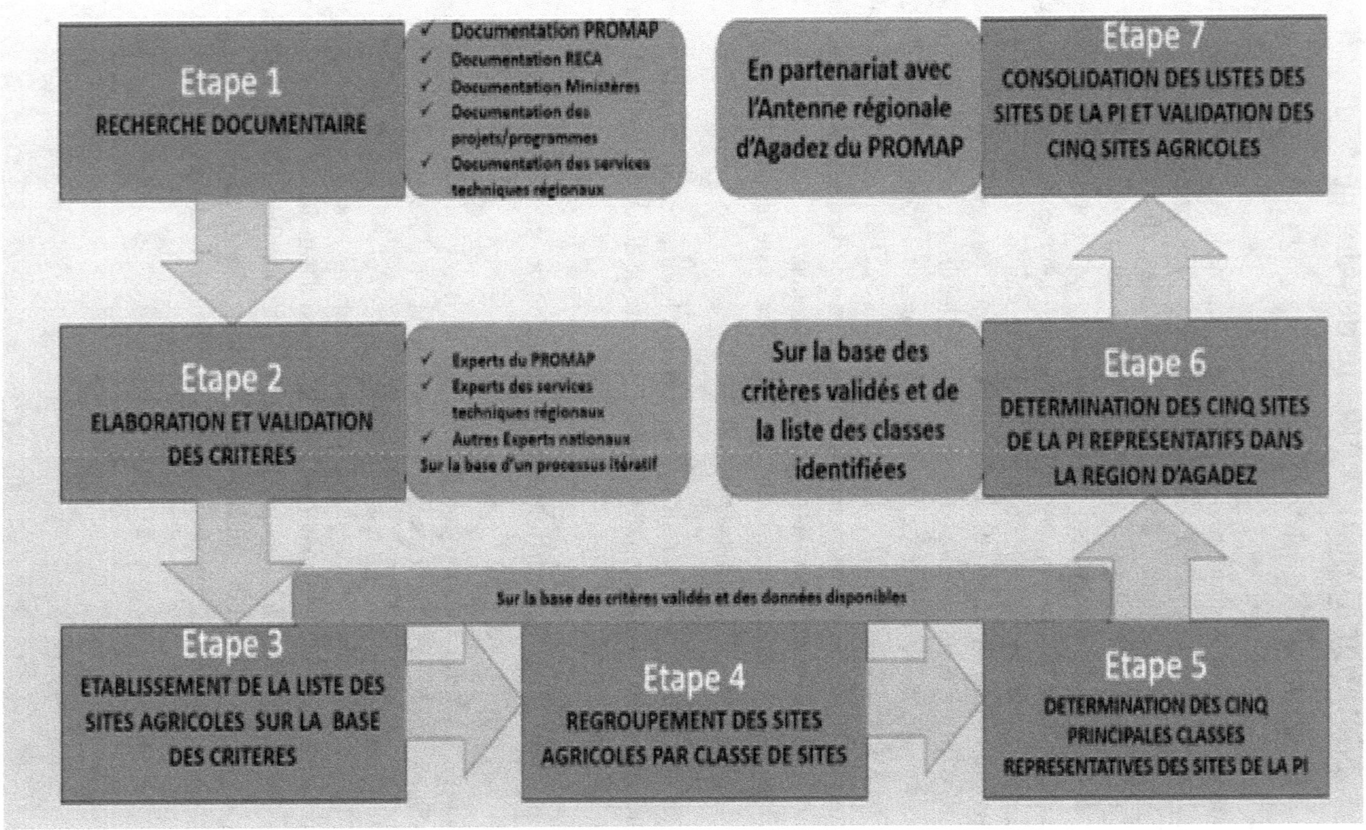

A.1 Inventaire des sites de la PI dans la région d'Agadez

La recherche documentaire nous a permis d'établir un inventaire des sites de la PI dans la région d'Agadez[14] : la base de données de la cellule de suivi/évaluation du PromAP/GIZ présente le nombre de sites de la PI, le potentiel en terres exploitables, les superficies cultivées en PI, et la répartition par sexe des exploitants agricoles par commune/département[15].

Trois principales remarques peuvent être faites à partir de cette base de données :

- 116 sites agricoles irrigués ont été identifiés par le PromAP/GIZ, incluant 29 sites dans la commune de Tchirozérine, 23 sites dans la commune de Tabelot, 21 sites dans la commune de Timia, et 16 sites dans la commune de Dabaga. Ces quatre communes renferment à elles seules 77% des sites de la PI dans la région d'Agadez. Il faut toutefois souligner que les sites irrigués du département de Bilma n'ont pas été inventoriés par le PromAP/GIZ.
- Selon les données du PromAP/GIZ, les superficies exploitées représentent environ 42% des superficies exploitables. Selon la DRA d'Agadez, en prenant en compte le département de Bilma, la superficie exploitée n'est que de 18,74% de la superficie exploitable. Dans le Kawar, le taux d'exploitation des terres est estimé à 22,74%. Dans les principaux bassins de développement de la PI, le taux d'exploitation des terres est de 22,5% à Timia, 50% à Tabelot, et 25% à Dabaga (DRA d'Agadez).
- La part des femmes engagées dans la PI demeure faible (10% selon la base de données du PromAP/GIZ 2020, et 1% selon la DRA d'Agadez). Ce ne sont que sur les sites promus par les projets/programmes de développement que la proportion de femmes cheffes d'exploitation est plus élevée. Elle peut atteindre jusqu'à 100% sur certains sites spécifiques où les femmes sont les bénéficiaires principales visées par ces interventions. La faible proportion de femmes engagées dans la mise en valeur irriguée des terres s'explique par le contexte socio-culturel prévalant dans les principaux bassins de production irrigués de la région d'Agadez. Ce contexte est généralement contraignant pour le développement des activités productives et commerciales par les femmes. Dans le massif de l'Aïr, l'histoire de la PI fait apparaitre que celle-ci reste une activité exclusivement masculine.

[14] La définition de site irrigué en PI, retenue dans le présent document est plus large que celle appliquée par la PromAP qui détermine ses sites par rapport aux terres agricoles exploitées par les membres des organisations bénéficiaires de leurs interventions.

[15] Seule la Direction régionale de l'agriculture d'Agadez a réalisé cet exercice récemment. Ainsi, ce tableau résulte de la recherche documentaire réalisée auprès du PromAP/GIZ dont la base de données des sites demeure plus complète que celle des services techniques étatiques. Mais, la définition du site agricole de la PI utilisée dans le présent rapport étant différente de celle du PromAP, il apparaitra des différences entre ces deux sources d'information.

A.2 Elaboration et validation des critères de sélection des sites de la PI

L'un des résultats attendus de ce diagnostic agricole dans chacune des régions d'intervention du PromAP est l'élaboration d'une « typologie des sites irrigués basée sur les contraintes/ opportunités biophysiques (types de sols, aptitude culturale, aptitude à l'irrigation) et socio-économiques (accessibilité, pression foncière, types d'interaction agriculture-élevage, éloignement aux marchés, etc.) ». En se fondant sur la documentation collectée et les échanges avec diverses personnes ressources dont les experts du PromAP, six critères généraux ont été retenus pour élaborer la typologie des sites irrigués :

i. **Les types de ressources en eau utilisées :** nappes phréatiques (forages, puits), eaux de surface sans écoulement (mares, lacs), eaux de surface avec écoulement permanent (fleuve, rivière), eaux de surface avec écoulement temporaire (kori, affluents de fleuve), eaux drainées par des infrastructures de retenues ou d'épandage d'eau (mini-barrages, seuils), et toutes autres sources d'approvisionnement en eau utilisées par les producteurs de la petite irrigation. Il faudrait remarquer que ces ressources en eau sont renouvelables et dépendent essentiellement des conditions climatiques en général, et de la pluviométrie en particulier. Aussi, même si la SPIN exclut les nappes phréatiques profondes des ressources en eau employées par la PI, il n'en demeure pas moins vrai que les communautés, avec l'appui de partenaires au développement (essentiellement des projets/programmes de développement), exploitent des périmètres de la PI à partir de forages d'eau caractérisés par des profondeurs dépassant dans certaines régions les 100 m. Par conséquent, dans le présent document certains sites de la PI pourraient être définis à partir de l'utilisation de nappes phréatiques profondes.

ii. **La densité de la population**. Elle permet de distinguer les agglomérations urbaines à forte densité de la population des hameaux/villages à faible densité de population. Dans certaines régions administratives où la PI est pratiquée dans des zones à densité de la population quasi-identique, ce critère n'est point un facteur absolu de différentiation des sites agraires de la PI. Dans ce cadre, il sera nécessaire de l'affiner et de l'adapter au contexte socio-démographique de chacune des régions administratives d'intervention du PromAP. De même, il demeure essentiel de déterminer la densité de la population à partir de laquelle seront définies les agglomérations urbaines à forte densité de la population et les hameaux/villages à faible densité de population.

iii. **Le degré d'intégration aux marchés**. Ce critère porte principalement sur la commercialisation des produits de la PI qui peut être effectuée soit sur les marchés locaux villageois ou des hameaux, les grands marchés hebdomadaires locaux, les grands centres urbains du pays, et les marchés extérieurs (région ouest africaine en particulier). Ainsi, celui-ci peut être défini soit par le taux de commercialisation et/ou le taux d'exportation des produits de la PI qui sont des indicateurs jusque-là indéterminés. Comme dans les cas précédents, ce critère n'est pas pertinent dans certaines régions pour différencier les sites agricoles de la PI qui sont soit en général fortement intégrés aux marchés ou faiblement intégrés aux marchés. Aussi, celui-ci pourrait se traduire par des confusions relatives aux orientations économiques de la production en PI : même si cette dernière est destinée à être commercialisée, dans la majorité des cas elle s'inscrit fondamentalement dans une dynamique de subsistance, l'essentiel des revenus étant consacré à l'alimentation de la famille. Or, une telle stratégie n'est pas identique à celle d'accumulation du capital au sein de laquelle le producteur en PI, qui met sa production sur le marché, a essentiellement en vue le profit.

iv. **Le degré du potentiel de développement de la PI**. Ce potentiel de développement de la PI peut être mesuré par les degrés de disponibilité des ressources en eau, de terres fertiles, et de main d'œuvre. Ce degré est considéré élevé lorsque ces trois ressources sont disponibles en même temps en quantité abondante et en qualité satisfaisante. Lorsque, au moins l'une de ces ressources manque ou est en quantité insuffisante, ce degré du potentiel est considéré faible ; le degré de la faiblesse du potentiel de développement en PI est déterminé par le nombre de ressources non disponible sur le site agricole de la PI. Dans le cas où ces trois ressources sont indisponibles en quantité suffisante et en qualité satisfaisante, le degré du potentiel de développement de la PI est classé extrêmement faible. Ce critère permet de distinguer les sites agricoles de la PI prometteurs pouvant faire l'objet d'extension ou de renforcement du processus d'intensification de la production, et ceux où le plein emploi des facteurs est atteint et les possibilités d'extension du site sont quasi-nulles.

v. **Le degré d'ancienneté du site irrigué en PI**. Les régulations globales des années 1970 (Plan triennal de développement 1976-1978 et le plan quinquennal de développement 1979-1983) avaient jeté les bases du développement de la grande irrigation à travers la mise en œuvre d'un vaste programme de réalisation d'aménagements hydro-agricoles. Leur échec au début des années 1980 (mise en œuvre des facilités d'ajustement structurel à partir de 1981) et la grande sécheresse de 1984 conduiront à la promotion de la PI au Niger en tant qu'instrument objectif de sécurité alimentaire. A ce titre, le processus de développement de la PI en cours actuellement au Niger s'inscrit dans le cadre de cette stratégie du début des années 1980. Mais, reconnaissons que la petite irrigation a été toujours présente au Niger notamment sur les rives du fleuve Niger et de ses affluents, dans certains bas-fonds et vallées, autour des mares/lacs, et dans les oasis du massif de l'Aïr. Il s'ensuit deux types de sites agricoles de la PI :

- ❑ Les anciens sites de la PI qui sont ceux créés avant le début des années 1980 ;
- ❑ Les nouveaux sites de la PI installés après la sécheresse de 1984.

vi. **Les modes de gestion**. Conformément à la SPIN, trois modes de gestion sont définis: la petite irrigation privée (PIP), la grande et moyenne irrigation de commercialisation (GMIC) et les périmètres de contre saison (PCS). La PIP est en général mise en œuvre de manière individuelle sur des terres appartenant aux exploitants agricoles. Dans certaines zones, les terres exploitées en PI peuvent être louées par les exploitants qui n'en disposent pas. Aussi, les projets/programmes et dans une large mesure l'Etat organisent souvent les communautés vulnérables en groupements de producteurs pour l'exploitation de terres soit communautaires ou privées acquises sous la forme de concession pour une durée limitée. Au terme de ces projets/programmes, les terres communautaires sont, en général, distribuées aux exploitants agricoles, et les terres louées reviennent à leurs propriétaires qui entrent en possession de l'ensemble des infrastructures réalisées sur le périmètre. Quant à la GMIC, elle demeure minoritaire au Niger : « une poignée d'exploitations agricoles commerciales relativement grandes » pratiquent la culture intensive irriguée dans la vallée du fleuve Niger et dans les dallols. Ce sont principalement des acteurs extérieurs au monde rural qui réalisent des investissements dans la GMIC : opérateurs économiques (commerçants essentiellement), hommes politiques, officiers de l'Armée, et fonctionnaires nationaux/internationaux acquièrent de grandes superficies de terres sur lesquelles ils réalisent des infrastructures d'exploitation agricole par la PI. De même dans plusieurs régions du Niger, des intermédiaires commerciaux dans la commercialisation des produits de la PI investissent dans ce secteur à travers lequel ils ont accumulé d'importantes richesses financières. Comme souligné précédemment, le concept de culture de contre-saison est devenu caduc avec la transformation progressive des PCS en PIP : la PI, appliquée de manière généralisée en toute saison, est devenue une composante essentielle des systèmes d'exploitation agricole au Niger dépassant, ainsi, de loin les systèmes de culture pluviale là où elle est présente.

Ces critères généraux servent de fondation à la détermination des critères spécifiques de sélection des sites dans chacune des régions d'intervention du PromAP. Chacun de ces critères fait ensuite l'objet d'une adaptation spécifique au contexte régional socio-économique et biophysique pour les régions d'Agadez, de Tahoua et de Tillabéri.

A.3 Critères appliqués dans la région d'Agadez

Considérant les caractéristiques socio-économiques et biophysiques de la région d'Agadez, la structure des critères de sélection des sites agricoles de la PI dans cette région est définie comme suit :

i. Critère sur les types de ressources en eau utilisées

Dans la région d'Agadez, les types de ressources en eau utilisées sont moins diversifiés que ceux identifiés dans les régions de Tillabéri et de Tahoua : la nappe phréatique peu profonde (moins de 30 m) constitue la principale ressource en eau utilisée. Le type de ressources en eau utilisées ne peut donc pas être retenu comme critère pertinent d'identification des sites agraires de la PI dans cette région. Il est à noter que les sites exploitant les eaux souterraines profondes (plusieurs centaines de mètres) sont ici exclus de la PI, conformément à la SPIN.

ii. Critère humain

Dans cette région, la densité de la population ne constitue pas un critère discriminant significatif : les sites de la petite irrigation sont situés en général dans des zones à forte densité de population. Cet indicateur permet toutefois de distinguer les oasis à très forte concentration humaine des zones de hameaux situés le long des koris. Nous avons donc retenu les modalités suivantes pour ce critère :

- ✓ Oasis à forte densité de population ;
- ✓ Hameaux à faible densité de population.

En définitive, le degré de sédentarisation de la population ne constitue pas un facteur discriminant pour classer les sites irrigués ; la petite irrigation est exercée uniquement par des populations sédentaires.

iii. Critères économiques et financiers

Les modalités retenues pour ce critère sont :

- ✓ Fort degré d'intégration aux circuits d'exportation ;
- ✓ Faible degré d'intégration aux circuits d'exportation.

Cet indicateur permet de distinguer les sites désenclavés plus intégrés aux circuits d'exportation (Tabelot, Dabaga), de sites plus enclavés qui sont orientés à la fois vers la satisfaction de la demande locale et de la demande extérieure.

iv. <u>Critère sur le potentiel de développement de la PI dans la zone agricole</u>

Deux modalités ont été définies pour ce critère :

- ✓ Faible potentiel de développement de la PI: faibles disponibilités des ressources en eau et de terres fertiles et de la main d'œuvre.
- ✓ Fort potentiel de développement de la PI : forte disponibilité d'au moins des ressources en eau et de terres fertiles.

Dans la région d'Agadez, ce sont les sites hors oasis qui disposent en général du plus fort potentiel de développement de la PI. Les oasis ont en effet atteint un niveau du plein emploi de la terre et des ressources en eau. Contrairement à la zone pastorale au nord de Tahoua, les communautés de la région d'Agadez ont adopté des activités agricoles comme principales sources de revenus depuis le début du 20ème siècle. Il existe très peu de conflits fonciers dans la région d'Agadez, contrairement à la zone pastorale de la région de Tahoua.

v. <u>Critère sur le degré d'ancienneté du site dans la pratique de la PI</u>

Ce critère ne connait pas de modification des modalités d'une région à l'autre. On distingue :

- ✓ Une expérience récente dans la PI : nouveaux bassins de développement de la PI avec un fort potentiel de développement de la PI créés entre la période allant de 1990 à nos jours.
- ✓ Une ancienne expérience dans la PI : anciens bassins de développement de la PI avec un faible potentiel de développement de la PI installés avant 1990.

Dans les oasis de la région d'Agadez, la PI est présente depuis plus d'un siècle. Certains auteurs estiment qu'elle été introduite dans l'oasis d'Iférouane au cours du 18ème siècle, puis s'est diffusée progressivement dans le massif de l'Aïr au début du 20ème siècle, à partir de 1910. Les extensions hors oasis ont débuté plus tard, dans les années 1990, après la sécheresse de 1983-1984.

vi. <u>Modes de gestion</u>

Dans la région d'Agadez, il n'existe pas de périmètres de contre saison. Le mode de gestion le plus courant est la PIP orientée soit vers la subsistance, le marché, ou à la fois le marché et la subsistance. La GMIC existe principalement dans le massif de l'Aïr (Timia hors oasis, Tabelot et Dabaga) et dans une large mesure dans le sud de la région d'Agadez et dans l'Irhazer. Ce mode de gestion est pratiqué par des opérateurs économiques ayant fait fortune soit dans la commercialisation de produits issus de la PI (Tabelot), dans l'exploitation minière de l'or (Timia), ou dans d'autres activités non agricoles.

Sur la base de ces 6 critères, les sites identifiés ont été regroupés au sein de 6 catégories qui sont représentatives de la structure des sites de la PI dans la région d'Agadez. La plupart de ces sites sont caractérisés par l'utilisation d'une seule source d'approvisionnement en eau qui est la nappe phréatique peu profonde ; dans certains cas, la nappe d'eau phréatique est située à plus de 30 mètres, sans jamais atteindre plus de 100 m.

Tableau 1 : répartition des sites identifiés dans la région d'Agadez selon les six critères

<table>
<tr><th>Type de ressources en eau utilisées</th><th>Densité de la population</th><th>Degré d'intégration aux marchés extérieurs</th><th>Potentiel de développement de la PI</th><th>Degré d'ancienneté du site dans la pratique de la PI</th><th>Modes de gestion existants dans le site</th><th>Nb. de sites agricoles de la PI identifiés</th></tr>
<tr><td rowspan="6">Nappe phréatique peu profonde</td><td rowspan="2">Forte densité de la population</td><td rowspan="2">Degré élevé d'intégration aux marchés extérieurs</td><td rowspan="2">Faible potentiel de développement de la PI</td><td rowspan="2">Ancien site de la PI</td><td>PIP (subsistance/ marché) et GMIC</td><td>26</td></tr>
<tr><td>PIP (subsistance/ marché)</td><td>38</td></tr>
<tr><td rowspan="4">Faible densité de la population</td><td rowspan="2">Degré élevé d'intégration aux marchés extérieurs</td><td rowspan="3">Potentiel élevé de développement de la PI</td><td rowspan="4">Nouveau site de la PI</td><td>PIP (subsistance/ marché)</td><td>74</td></tr>
<tr><td>PIP (subsistance/ marché) et GMIC</td><td>43</td></tr>
<tr><td rowspan="2">Faible degré d'intégration aux marchés extérieurs</td><td>PIP (subsistance/ marché)</td><td>61</td></tr>
<tr><td>Faible potentiel de développement de la PI</td><td>PIP (subsistance/ marché)</td><td>36</td></tr>
</table>

A.4 Sites agricoles sélectionnés et validés par l'Antenne régionale d'Agadez

Selon les TDR, la prestation implique « un travail d'enquête (conduite d'enquêtes et supervision d'enquêteurs) au niveau des terroirs villageois et au niveau des parcelles/exploitations dans les régions d'intervention du projet, d'une durée estimée à 15 jours par région d'intervention, soit 45 jours». Il est proposé au consultant la réalisation de travaux de collecte de données dans cinq sites agricoles de la PI au plus par région d'intervention, à raison de trois jours d'enquête par site. Un échantillon de cinq (5) sites agricoles irriguées en PI devait donc être déterminé et validé à partir des sites identifiés et classés.

Le tableau 2 (ci-dessous) présente les sites irrigués en PI qui ont été retenus :

- ✓ Deux oasis du massif de l'Aïr : Tabelot et Timia, qui sont d'anciens sites irrigués à faible potentiel de développement de la PI.
- ✓ Trois nouveaux sites créés après la sécheresse de 1983-1984, à savoir Téguert, situé à une quinzaine de kilomètres de l'oasis de Timia, Toumga Est qui constitue un quartier de Tchirozérine, et Intideynawen qui est constitué d'un ensemble de hameaux habités par des éleveurs nomades sédentarisés.

Tableau 2 : sites irrigués en PI sélectionnés pour l'enquête dans la région d'Agadez

Type de ressources en eau utilisées	Densité de population	Degré d'intégration aux marchés extérieurs	Potentiel de développement de la PI	Degré d'ancienneté du site dans la pratique de la PI	Site retenu pour l'enquête
Nappe phréatique peu profonde	Forte	Faible	Faible	Ancien site irrigué en PI	**Timia Oasis**
		Elevé			**Tabelot**
	Faible		Fort	Nouveau site de la PI	**Timia hors Oasis (Téguert)**
	Forte	Faible			**Toumga (Tchirozérine)**
	Faible				**Intideynawen (Gougaram)**

B. Elaboration et validation des outils de collecte de données

Suite à la détermination de l'échantillon des sites agricoles irrigués en PI, l'élaboration et la validation des outils de collecte de données a été réalisée selon un processus itératif mobilisant à la fois les experts du PromAP et des personnes ressources extérieures.

Dans cette sous-section, il sera successivement présenté la méthodologie d'élaboration et de validation des outils de collecte des données, le cadre logique organisant ces derniers, et les questionnaires servant de support aux entretiens individuels et aux discussions de groupe sur chacun des sites agricoles retenus.

B.1 Méthodologie d'élaboration et de validation des outils de collecte de données

S'appuyant sur les recommandations méthodologiques de la structure commanditaire de cette étude, les travaux d'élaboration et de validation des questionnaires devant servir de support à la collecte des données dans les cinq sites agricoles retenus ont été réalisés selon un processus itératif impliquant les experts du PromAP (schéma 2 ci-dessous). Ce choix méthodologique résultait de la nécessité d'une part de prendre en compte les demandes de l'institution commanditaire du diagnostic des systèmes de production/systèmes de culture afin d'intégrer au sein de ces outils de collecte de données ses préoccupations techniques et stratégiques, et d'autre part d'élaborer des outils de collecte de données robustes, adaptés aux contextes des sites, et efficaces permettant d'atteindre les résultats et objectifs visés dans des conditions satisfaisantes. La réalisation d'un tel diagnostic, qui se veut à la fois complet, suffisamment détaillé, et multidimensionnel, dans les conditions opérationnelles particulièrement difficiles en raison des contextes différenciés des sites (langues, accessibilités, adhésion des communautés à l'approche, etc.), exige des efforts essentiels méthodologiques de standardisation des outils de collecte de données (des traductions en langues locales homogènes, modalité uniforme d'administration des questionnaires, etc.). Deux principales remarques peuvent être faites :

i. Malgré les tests terrain réalisés et les efforts de parvenir à des outils de collecte de données de qualité satisfaisante, la construction des questionnaires s'est poursuivie lors de la collecte des données dans les cinq sites retenus.
ii. Les hypothèses théoriques ayant conduit à l'élaboration et à la validation des outils de collecte de données peuvent s'avérer inopérantes dans le contexte socio-économique, institutionnel, et technique des sites agricoles irrigués en la PI.

Schéma 2 : méthodologie d'élaboration et de validation des questionnaires

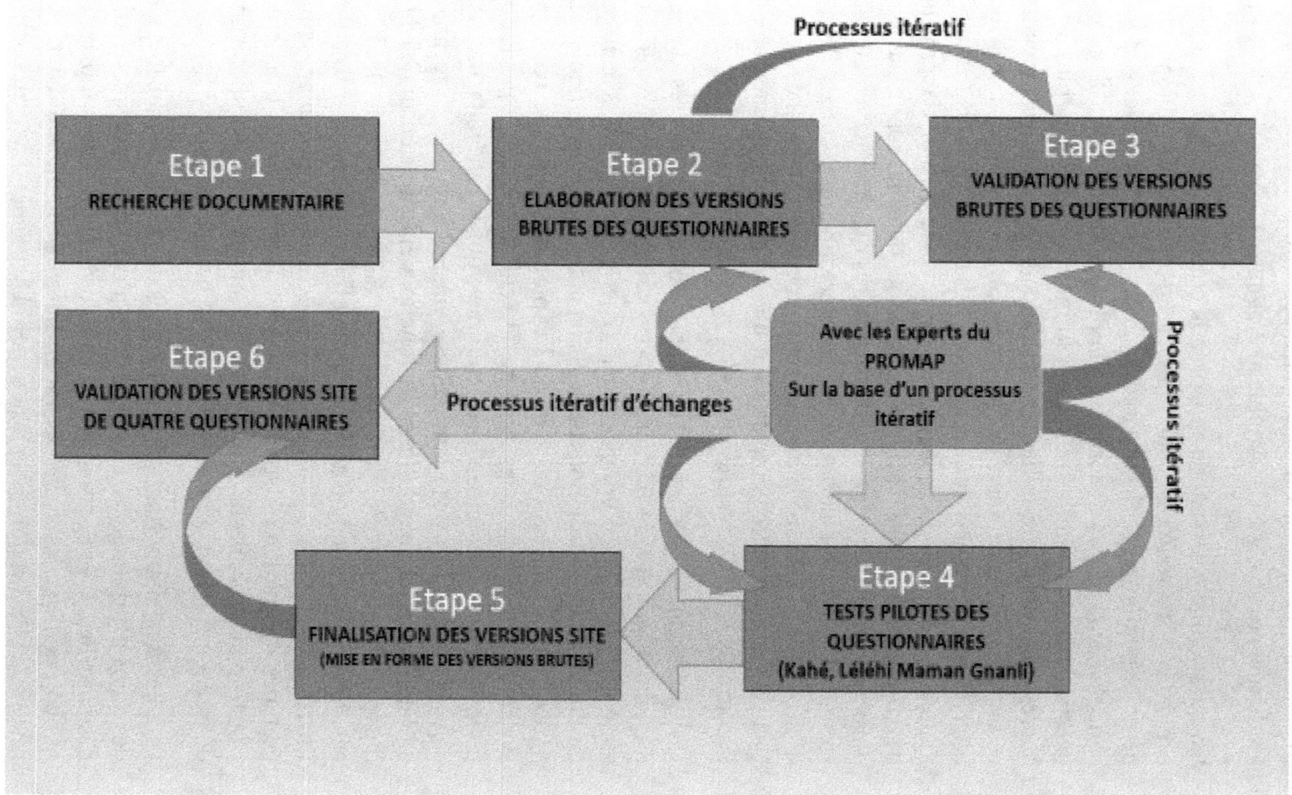

B.2 Cadre logique et outils de collecte des données

La logique de construction de la structure des outils de collecte de données repose fondamentalement sur celle des résultats attendus et des objectifs généraux et spécifiques du diagnostic des SC/SP (tableau 3 ci-après) :

i. Un questionnaire servant de support à la collecte de données, auprès de personnes ressources, sur les caractéristiques biophysiques, démographiques et socio-économiques des terroirs villageois des sites agricoles de la PI, et l'historique de la PI dans ces terroirs villageois. Ce questionnaire est administré sous la forme d'un ESS d'au plus 1 heure auprès des chefs de villages, des agents des services techniques communaux (agriculture de préférence), des responsables locaux d'ONG, des présidents de coopératives, des producteurs disposant d'une longue expérience dans la PI, des agents de terrain de projets de développement intervenant sur le site ou dans la commune depuis plusieurs années, des élus locaux originaires du site intervenant dans le secteur de la PI, et de toutes autres personnes ressources disposant d'informations clés sur la mise en œuvre de la PI sur les sites agricoles. Ces ESSI doivent être complétés par une recherche documentaire dans la commune (PDC et autres études/rapports techniques).

ii. Un questionnaire destiné à la collecte de données auprès des chefs d'exploitation sur la caractérisation structurelle des exploitations agricoles, leurs performances par type structurel de systèmes de production, les contributions de la PI aux autres activités agricoles et non agricoles et vice versa au sein de l'exploitation agricole par type de système de production, les systèmes de culture pratiqués par les chefs d'exploitation et les calendriers culturaux qui y sont rattachés. Ainsi, celui-ci explore les modalités institutionnelles, techniques, agronomiques, et économiques de fonctionnement de chacun des types d'exploitation agricole présents sur le site agricole de la PI. Les catégories d'exploitation agricole sont définies à partir de trois critères : l'accès à la terre, l'accès au capital, et l'accès au travail. Huit possibilités de types d'exploitation sont déterminées à partir de ces trois critères. Conçu pour la collecte de données quantitatives, ce questionnaire est délivré à travers un entretien structuré ne devant dépasser 2 heures.

iii. Un questionnaire portant sur les systèmes de culture administrés auprès des chefs d'exploitation. Cet outil permet d'évaluer les caractéristiques des parcelles de la PI par système de culture, les logiques économiques qui en résultent, les degrés de mobilisation de la main d'œuvre, et les niveaux et l'évolution de la production. De même, il devrait contribuer à une présentation détaillée des itinéraires techniques et des pratiques culturales sur les parcelles de la PI enquêtées. En principe, les deux précédents questionnaires devraient permettre d'identifier le nombre de systèmes de culture présents sur chaque site agricole de la PI, nombre qui est égal à celui des entretiens semi-structurés réalisés avec ce questionnaire.

iv. Un questionnaire administré à des groupes de discussion constitués d'au plus quatre chefs d'exploitation. Il est chargé d'assurer l'évaluation des systèmes de production sur le site de la PI, les modalités de financement de la PI, et les techniques de conservation et de transformation des produits de la PI existants sur les sites de la PI enquêtés. Dans le même temps, il devrait contribuer à mieux comprendre la caractérisation des exploitations agricoles, les structures d'organisation des producteurs, et les actions des projets/programmes appuyant les exploitants par la PI sur le site agricole. Ces groupes de discussion sont constitués à partir des types d'exploitation selon les modes de gestion de la PI existants sur le site.

Comme décrit dans le tableau 3, ces quatre questionnaires forment une plateforme unique de collecte de données axée sur les principes de complémentarité et de co-intégration de ces outils de collecte de données. Les questions ont été formulées et présentées de telle sorte qu'elles sont facilement traduisibles en langues locales (peulh, djerma, et tamacheck), compréhensibles à la fois pour les enquêteurs et les personnes interrogées dont la majorité ne maitrisent pas la langue française ni à l'écrit, ni à l'oral. Pour le premier questionnaire, la plupart des personnes ressources maitrisent la langue française et, acceptent en général de réaliser les entretiens dans cette langue officielle du pays.

Tableau 3 : cadre logique des outils de collecte des données

Outils de collecte des données / Données à collecter	Questionnaire Personnes Ressources	Questionnaire Chef d'exploitation agricole	Questionnaire Systèmes de culture	Questionnaire Systèmes de production, commercialisation, financement, conservation, et transformation	Types de données
Données socio-démographiques du terroir villageois	X				quantitatives et qualitatives
Données biophysiques du terroir villageois	X				
Données économiques sur le terroir villageois	X				
Historique de la PI dans le terroir villageois	X				qualitatives
Structures d'appui/projets dans le terroir villageois	X			X	quantitatives et qualitatives
Opportunités et contraintes au développement de la PI	X			X	
Données de caractérisation structurelle de l'exploitation agricole	X	X	X	X	
Estimation des performances technico-économiques et financières par type structurel de systèmes de production		X		X	quantitatives
Estimation contribution de la PI aux productivités de la terre, du travail et du capital au niveau de l'exploitation agricole par type de système de production		X			
Estimation de la contribution de la PI aux différentes activités de l'exploitation agricole et des autres secteurs d'activité non agricoles du chef d'exploitation et vice versa, par type de système de production		X			
Identification des types de systèmes de culture	X	X	X		quantitatives et qualitatives
Evaluation des systèmes de cultures/calendriers culturaux appliqués par le CE		X	X		

Evaluation des caractéristiques des parcelles par système de culture	X	X	X		quantitatives et qualitatives
Evaluation des Logiques économiques par système de culture	X	X	X		
Evaluation de la mobilisation de la main d'œuvre, niveaux et devenir de la production			X		
Evaluation des calendriers culturaux par système de culture		X	X		
Evaluation détaillée des Itinéraires techniques et pratiques culturales sur les parcelles d'enquête		X	X		
Evaluation des systèmes de production/financement des activités de la PI				X	Quantitatives et qualitatives
Evaluation des systèmes de conservation/ transformation des produits de la PI	X	X	X	X	
Modalités d'administration des outils de collecte de données sur chaque site agricole de la PI	**Au moins 5 ESSI**	**Au plus 8 ESI (8 types de SP)**	**1 ESSI/SC**	**GD/SP**	

CE : Chef d'exploitation, ESSI : Entretien Semi-Structuré Individuel, ESI : Entretien Structuré individuel, GD : Groupe de Discussion

III. Résultats du diagnostic agricole dans la région d'Agadez

Dans la région d'Agadez, les travaux de collecte de données ont été réalisés du 3 au 15 juillet 2020 successivement sur les sites de Tabelot, Timia Oasis, Téguert (Timia hors oasis), Intideynawen, et Toumga Est.

Une équipe constituée de cinq enquêteurs a réalisé la collecte des données sur les sites sélectionnés.

Conformément au protocole technique de collecte de données, le consultant a assuré la coordination de la collecte des données, veillé au respect des principes de réalisation des activités, et participé à la mise en œuvre des travaux de terrain sur chacun des cinq sites agricoles de la PI (contrôle technique de qualité des travaux et réalisation des premiers entretiens de formation des enquêteurs).

Sur la base des résultats attendus, ce chapitre analyse successivement les résultats de cette collecte de données sur chacun des sites agricoles enquêtés à travers une présentation (i) des données collectées (entretiens réalisés), (ii) des caractérisations des sites irrigués en PI (iii) des comptes de production et d'exploitation évalués par les chefs d'exploitation agricole, (iv) des systèmes de cultures/Itinéraires techniques/calendriers culturaux identifiés, (v) des systèmes de commercialisation/financement/conservation/ transformation existants, et (vi) des innovations techniques observées et soulignées par les exploitants agricoles.

A. Données collectées sur les cinq sites

Dans la région d'Agadez, 65 entretiens ont été réalisés contre 90 prévus (voir tableau 4 ci-dessous) :

i. Concernant les entretiens semi-structurés individuels, organisés principalement auprès des responsables communaux de l'agriculture (CDA), des chefs de village, des présidents d'organisation de producteurs (coopératives, unions de coopératives, structures faitières, etc.), et des exploitants agricoles ayant une expérience avérée dans la PI au sein du terroir villageois, les objectifs initiaux ont été partiellement atteints : le nombre d'ESS réalisé (19) est inférieur à celui prévu (25). Sur la plupart des sites, les personnes rencontrées ont fourni toutes les informations recherchées. Des entretiens supplémentaires n'étaient pas nécessaires.

ii. Concernant le questionnaire sur les systèmes de culture, il a été observé trois principaux cas sur tous les sites, à l'exception de celui de Tabelot où deux systèmes culture seulement ont été identifiés (l'arboriculture pure, et le système d'arboriculture associée aux cultures maraichères et céréalières).

iii. Pour les entretiens structurés, cinq types de chef d'exploitation ont été interrogés sur chacun de deux sites de la région d'Agadez (Intideynawen et Toumga). Sur chacun des trois autres sites de la PI, quatre entretiens ont été réalisés (tableau 5 ci-dessous). Sur ces 22 personnes interrogées, deux femmes cheffes d'exploitation, appartenant à un groupement féminin et disposant leurs propres exploitations agricoles par la PI, ont participé aux entretiens sur le site de Toumga. À Intideynawen, deux femmes cheffes d'exploitation ont participé à la collecte des données. Il ressort de cette répartition des types de chef d'exploitation par site agricole de la PI trois principaux enseignements :

  - Les principaux types d'exploitation identifiés sur les cinq sites sont caractérisés par un bon degré d'accès à la terre et au travail. Ce type de système de production est le plus fréquent sur tous les sites de la PI enquêtés.
  - Les chefs d'exploitation « nantis », ayant accès à la fois au travail, au capital, et à la terre sont rares dans la région d'Agadez. Ils sont présents essentiellement sur les sites de Tabelot et d'Intideynawen.
  - L'accès à la terre semble constituer le facteur de production le moins contraignant pour les chefs d'exploitation de la région d'Agadez. Jusqu'à présent, sur les sites hors oasis, la pose d'une simple clôture à un endroit donné permet d'en devenir le propriétaire.

iv. Concernant les groupes de discussion, il a été réalisé deux focus groupes sur chacun des cinq sites de la PI. Ce nombre de deux focus groupes par site enquêté résulte des leçons tirées de l'évaluation des résultats de l'enquête dans les régions de Tahoua et de Tillabéri. La quasi-absence des femmes sur ces sites de la PI et surtout l'identification d'un seul mode de gestion des parcelles expliquent dans une large mesure cette structure du nombre des discussions de groupe.

Tableau 4 : structure des entretiens prévus et réalisés sur les cinq sites de la région d'Agadez

	Nombre de questionnaires personnes ressources		**Nombre de questionnaires Système de culture**		**Nombre de questionnaires Chefs d'exploitation agricole de la PI**		**Nb. de focus groupes sur les systèmes de production, de financement, de conservation et de transformation**	
	Prévu	Réalisé	Prévu	Réalisé	Prévu	Réalisé	Prévu	Réalisé
Tabelot	5	4	Nd[1]	2	8	4	3[2]	2
Timia oasis	5	4	Nd	3	8	4	3	2
Téguert	5	3	Nd	3	8	4	3	2
Intideynawen	5	3	Nd	3	8	5	3	2
Toumga	5	5	Nd	3	8	5	3	2
TOTAL	25	19	Nd	14	40	22	15	10

(1) le nombre existant de systèmes de culture sur le site non connu d'avance ;

(2) 3 pour les sites ayant un seul mode de gestion et 6 pour les sites ayant 2 modes de gestion.

Tableau 5 : Types structurels d'exploitation enquêtés

Degré d'accès aux moyens de production : terre, capital, travail des chef(fe)s d'exploitation	Tabelot	Timia	Téguert	Intideynawen	Toumga
i. Hommes ou femmes chefs d'exploitation agricole ayant accès à la terre, au capital et au travail	X[1] M[2]			X M	
ii. Hommes ou Femmes chefs d'exploitation agricole ayant accès à la terre et au capital et non au travail ;					
iii. Hommes ou femmes chefs d'exploitation agricole ayant accès à la terre et non au capital et au travail ;			X M	XX MF	X M
iv. Hommes ou femmes chefs d'exploitation ayant accès à la terre et au travail, mais non au capital ;	XX M	XX M	XX M	XX MF	XX MF
v. Hommes ou Femmes chefs d'exploitation agricole n'ayant pas accès à aucune de ces trois ressources ;		XM	XM		X F
vi. Hommes ou femmes chefs d'exploitation n'ayant pas accès à la terre, mais qui a accès au travail et au capital ;					
vii. Hommes ou femmes chefs d'exploitation n'ayant pas accès à la terre et au travail, mais qui ont accès au capital ;					
viii. Hommes ou femmes chefs d'exploitation n'ayant pas accès à la terre et au capital, mais qui a accès au travail ;	X M	X M			X F

(1) X et XX indiquent respectivement un entretien et deux entretiens

(2) M et F précisent le sexe de la personne (ou des personnes) interrogée : H pour masculin et F pour féminin

Toutes les données collectées ont été intégrées au sein d'une base de données Excel. Cette dernière comporte quatre feuilles (soit une feuille de données par questionnaire) qui reprennent intégralement la structure des questionnaires.

B. Caractérisation des sites agricoles

B1. Contextes historique, biophysique, et socio-économique des sites enquêtés

Situés dans deux zones agroécologiques distinctes (oasis de massif de l'Aïr et la zone pastorale nord), les sites agricoles de la PI sélectionnés pour l'enquête dans la région d'Agadez présentent plusieurs caractéristiques communes (tableau 6 ci-après) :

i. Du point de vue historique, ils résultent tous de la même dynamique qui a débuté au 18ème siècle dans la vallée d'Iférouane et qui, au gré des famines et des razzias, a été diffusée par des vagues successives dans tout le massif de l'Aïr et de ses zones environnantes : la PI dans la région d'Agadez résulte de stratégies d'adaptation des communautés touaregs face aux crises alimentaires fréquentes et au contexte d'insécurité du 19ème et du début du 20ème siècle qui a conduit à la sédentarisation des populations nomades et à la formation d'agglomérations urbaines. La petite irrigation a été introduite à Timia par un chef religieux au début du 20ème siècle suite à la grande famine de 1910 et aux attaques de l'armée de Kaocen. Le site de Téguert, qui constitue une extension des exploitations de l'Oasis de Timia, a été créé dans les années 1990 après le boom de l'oignon dans le massif de l'Aïr. A Timia, des populations de paysans sans terre[16] ont progressivement occupé ces grands espaces situés le long du kori principal. Les sites de Toumga et d'Intideynawen ont été créés par des communautés touaregs du massif de l'Aïr. Il s'agissait initialement d'éleveurs nomades, qui ont quitté leurs terroirs d'attache lors de la sécheresse de 1983-1984. En définitive, la PI dans la région d'Agadez résulte d'initiatives individuelles d'adaptation qui, en raison de leurs caractères endogènes, ont été adoptées par les communautés entières.

ii. Au plan biophysique, tous ces sites exploitent uniquement les ressources en eau souterraines (nappe phréatique) dont la recharge est assurée à Tabelot et à Timia Oasis par des seuils d'épandage construits dans les années 1970-2000 par des projets/programmes de développement. Les terres, généralement rocailleuses et sablonneuses, sont fertiles et

[16] La forte croissance démographique des années 1970 et 1980 (plus de 3% l'an selon les résultats du RGP/H 2001) a rendu les moyens d'existence issus de l'oasis incapables d'assurer la subsistance aux familles dont le nombre de membres s'est considérablement accru au cours de cette époque.

propices à la PI. jusqu'à présent, l'importante quantité d'eau drainée par les eaux des koris pendant la courte saison pluvieuse n'est pas exploitée.

iii. En ce qui concerne l'aspect socio-démographiques, les exploitants agricoles engagés dans la PI dans la région d'Agadez sont Touaregs. C'est uniquement sur le site de Tabelot que l'on rencontre quelques chefs d'exploitation haoussas et peulhs qui se sont installés dans la zone depuis plusieurs décennies. Les femmes cheffes d'exploitation sont présentes essentiellement sur les sites de Toumga et d'Intideynawen, même si dans l'Aïr, ce sont les femmes qui héritaient des jardins. La proportion de jeunes dans la PI a connu une forte évolution sur la plupart des sites enquêtés à l'exception du site de Toumga où les exploitations sont détenues à plus de 70% par des personnes âgées.

iv. Au niveau économique, l'agriculture irriguée constitue la principale activité assurant la subsistance aux chefs d'exploitation. L'élevage, le commerce, et l'orpaillage constituent souvent des activités économiques secondaires qui complètent les moyens d'existence sur les sites enquêtés de la PI. Comme dans les autres régions du Niger, la PI s'inscrit dans le cadre de stratégies d'adaptation des communautés locales aux chocs climatiques et économiques. Elle s'ajoute aux autres activités agricoles et non agricoles dans la formation des revenus au sein des ménages.

v. Au niveau des facteurs de production : On note sur la plupart des sites des progrès significatifs dans l'utilisation d'équipements techniques performants, ainsi qu'un processus d'accumulation du capital humain (formation, échanges de connaissances avec d'autres producteurs, recherche d'information sur les innovations technologiques). Cependant, certains sites présentent encore des conditions rudimentaires de mise en valeur irriguée du milieu (site de Toumga). On observe une forte corrélation entre l'orientation économique de l'exploitation et le niveau des investissements en capital technique. Les exploitations orientées vers le marché et l'accumulation du capital présentent les niveaux les plus importants en formation brute du capital fixe. Les exploitations beaucoup plus axées sur la subsistance, sont caractérisées par de faibles capacités en capital technique. L'emploi du tracteur pour le labour et de la motopompe (à essence et à gaz) dans la gestion de l'exhaure/irrigation s'est généralisé sur tous les sites.

vi. Selon les répondants, il n'existe pas de facteurs de différenciation des exploitations spécifiques aux exploitations irriguées par comparaison aux exploitations engagées dans d'autres activités agricoles. Pour les producteurs enquêtés, les différences entre exploitations relèvent principalement de la maitrise des techniques de production, du capital technique, du degré de qualification de la main d'œuvre, de l'appartenance à une organisation de producteurs, et des capacités financières du chef d'exploitation.

vii. Enfin, les sites irrigués enquêtés comptent tous un nombre relativement élevé d'exploitations agricoles (101 à 438 exploitations), indiquant un degré élevé d'adoption de cette forme d'activité agricole dans la région d'Agadez. Paradoxalement, comme dans la région de Tahoua, cette forte mobilisation des populations locales dans la PI, qui devrait permettre un relèvement du niveau de vie des communautés à travers notamment le boom des exportations d'oignon, de tomate, de pomme de terre, et d'aïl au cours de ces trois dernières décennies, semble ne pas pouvoir inverser la tendance actuelle de généralisation de la pauvreté dans cette région qui souffre d'une absence quasi-totale d'infrastructures routières destinées à désenclaver les zones de production.

Carte 1 : zonage agroécologique et climatique du Niger (SPN2A, Niger, 2020)[17]

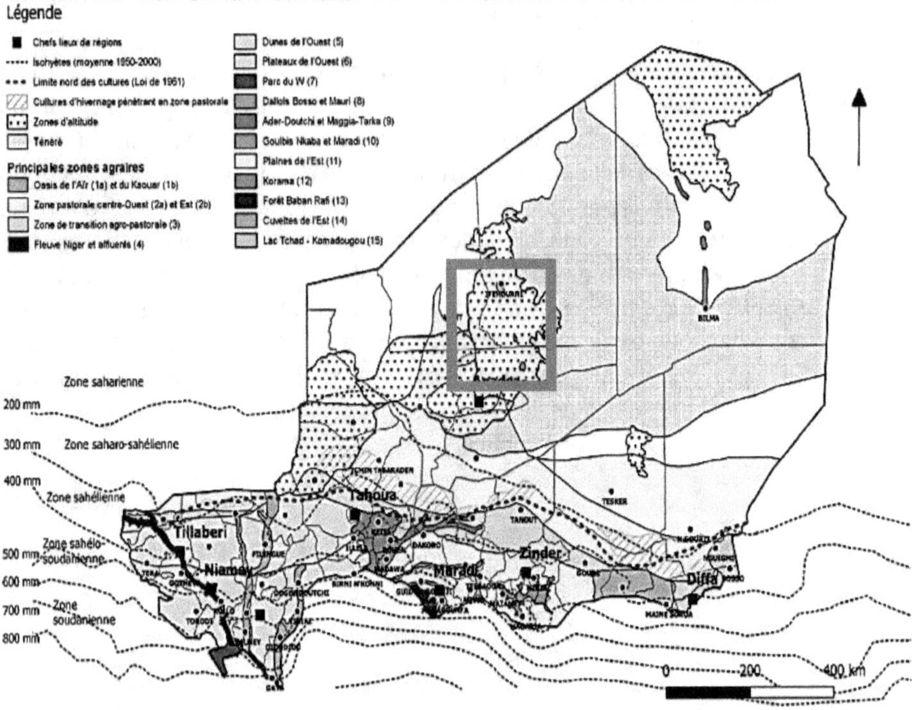

Sources : Carte produite par Damien Hauswirth, Abba Malam Boukar, Badamassi Djariri, Abdoulaye Sambo Soumaila, Hassane Yayé pour Baastel (2019) dans le cadre du processus de formulation concertée de la SPN2A (2019) d'après les travaux suivants : (i) Abdou Adamou, Barkiré Abdoulaye, Diop Amadou, Younoussa Seybou, Giancarlo Pini, Vieri Tarchiani. Abdou Adamou (2004) CSE - RECA Zonage agroécologique du Niger pour la SDR du Niger ; (ii) Laminou, Attaou Mahaman. 2001 Situation des ressources génétiques forestières du Niger. Atelier sous-régional FAO/IPGRI/CIRAF sur la conservation, la gestion, l'utilisation durable et la mise en valeur des ressources génétiques forestières de la zone sahélienne (Ouagadougou, 22-24 sept. 1998). Note thématique sur les ressources génétiques forestières. Document FGR/7F. Service de la mise en valeur des ressources forestières, Division des ressources forestières. FAO, Rome (non publié), (iii) WATA Sama Issoufou (2012) : atelier LADA & LUC sur l'identification des zones prioritaires de la GMV, Centre de suivi écologique; (iv) FEWSNET – USAID (2011), zones de moyens d'existence ; (v) IGNN, 2019 : représentation de la limite Nord des cultures ; (vi) Hadur ingénierie, 2016 pour le PSSFP-RGF « La problématique des cultures d'hivernage en zone pastorale : Quels impacts sur l'avenir du pastoralisme au Niger ? »; (vii) Worldclim – Global climate data 1.3 (2004)

[17] Facilité Adapt'Action NIGER/Ministère de l'environnement, de la salubrité urbaine, et du développement durable, Ministère de l'Agriculture et de l'élevage (2020) : « Appui à la formulation concertée de la Stratégie et Plan National d'Adaptation face au changement climatique dans le secteur de l'Agriculture – SPN2A-(Axe 2) : Identification et évaluation des options d'agriculture intelligente face au climat prioritaires pour l'adaptation face aux changements climatiques au Niger », - Volume 1, LIVRABLE N°3 – Version finale, 01/03/2020, (réalisé avec l'appui financier et technique de l'AFD, Baastel, BRLI, ONF International, et Racines Sahel), page 21.

Tableau 6 : Caractérisation des sites agricoles de la PI dans la région d'Agadez

	Tabelot	Timia oasis	Téguert	Intideynawen	Toumga
Historique de la PI					
Mode d'introduction de la PI dans le terroir	Initiative endogène	Initiative endogène	Initiative endogène	Initiative endogène	Initiative endogène
Approche d'introduction de la PI dans le terroir	Individuelle	individuelle	individuelle	individuelle	individuelle
Mode de développement de la PI dans le terroir	Endogène	Endogène	Endogène	Endogène	Endogène
Caractérisation biophysique					
Relief	Montagneux, vallée	Montagneux, vallée	Montagneux, vallée	Vallée, plaine	Bas-fonds, vallée, plaine
Climat	Semi-aride de type sahélo-saharien	Semi-aride de type sahélo-saharien	Semi-aride de type sahélo-saharien	Semi-aride de type sahélo-saharien	Semi-aride de type sahélo-saharien
Région agraire	Oasis du massif de l'Aïr	Oasis du massif de l'Aïr	Oasis du massif de l'Aïr	Zone pastorale nord	Zone pastorale nord
Types de sols	Sablonneux, Sablo-limoneux	Sablonneux, Sablo-limoneux	Sablonneux, Sablo-limoneux	Sablonneux, sablo-limoneux, argileux	Sablonneux, sablo-limoneux, argileux
Types de ressources en eau utilisées dans la PI	Nappe phréatique	Nappe phréatique	Nappe phréatique	Nappe phréatique	Nappe phréatique
Caractérisation socio-démographique					
Principaux groupes ethniques	Touaregs, Haoussas, Peulhs, Djerma	Touaregs	Touaregs	Touaregs	Touaregs, Haoussas
Part groupes ethniques dans exploitants par la PI	Touaregs : 95%, Haoussas : 2%,	100%,	100%,	100%	100%

	Tabelot	Timia oasis	Téguert	Intideynawen	Toumga
	Peulhs : 1,5%, Djerma : 1,5%				
Nombre d'exploitations par la PI	438	215	101	156	140
Part exploitants par la PI dans la population totale	99%	90%	90%	90%	80%
Part des femmes chefs d'exploitation par la PI	0%	0%	0%	20%	20%
Part des jeunes chefs d'exploitation par la PI	70%	50%	75%	70%	30%
Caractérisation économique					
Activités principales	Agriculture irriguée, commerce, élevage	Agriculture irriguée, élevage, orpaillage	Agriculture irriguée, élevage, orpaillage	Agriculture irriguée, élevage, commerce	Agriculture irriguée, élevage, commerce
Rôle de la PI dans l'économie locale	Activité principale de subsistance	Activité principale de subsistance	Activité principale de subsistance	Activité principale de subsistance	Activité principale de subsistance
Evolution des superficies cultivées en PI	Forte croissance en dehors de l'oasis	Nulle	Forte croissance	Forte croissance	Forte croissance
Evolution des types d'équipements utilisés en PI	Emploi de la motopompe, du tracteur, du gaz domestique, du réseau californien	Emploi de la motopompe et du gaz domestique	Emploi de la motopompe, du gaz domestique, et du tracteur	Emploi de la motopompe, du gaz domestique, et du tracteur	Emploi de la motopompe, du gaz domestique
Evolution degré de qualification de la main d'œuvre	Hausse du niveau	Hausse du niveau	Hausse du niveau	Hausse du niveau	Hausse du niveau
Facteurs de différentiation des exploitations	L'appartenance à une organisation de producteurs	Niveaux de revenus, niveau	Niveaux de revenus, niveau	Niveaux de revenus, niveau de	Niveaux de revenus, niveau

	Tabelot	Timia oasis	Téguert	Intideynawen	Toumga
		de profondeur des puits	de profondeur des puits	profondeur des puits	de profondeur des puits
Facteurs de différentiation des exploitations par PI	L'appartenance à une organisation de producteurs	Niveaux de revenus, niveau de profondeur des puits	Niveaux de revenus, niveau de profondeur des puits	Niveaux de revenus, niveau de profondeur des puits	Niveaux de revenus, niveau de profondeur des puits
Marchés de commercialisation des produits de la PI	Marché hebdomadaire de Tabelot, marchés d'Agadez	marchés d'Agadez et d'Arlit	marchés d'Agadez et d'Arlit, marchés hebdomadaires locaux	marchés d'Agadez et d'Arlit, marchés hebdomadaires locaux	marchés d'Agadez et d'Arlit, marchés hebdomadaires locaux
Modes de commercialisation des produits	Vente directe après récolte ou sur pieds en gros et en détail	Vente groupée par le biais de l'union des coopératives de Timia	Vente groupée par le biais de l'union des coopératives de Timia	Vente directe après récolte ou sur pieds en gros et en détail	Vente directe après récolte ou sur pieds en gros et en détail
Système de transformation des produits de la PI	Aucun	Séchage des dattes pour les additionner à la boule de mil	Séchage des dattes pour les additionner à la boule de mil	Séchage des dattes pour les additionner à la boule de mil	Aucun
Système de conservation des produits de la PI	Aucun	Séchage des dattes	Séchage des dattes	Séchage des dattes	Aucun

Source : base de données diagnostic des systèmes de culture/systèmes de production par la PI dans les zones d'intervention du PromAP.

B2. Caractéristiques spécifiques des sites de la PI enquêtés

Les sites enquêtés présentent des spécificités résultant de leurs contextes socio-économiques, culturels, biophysiques, et environnementaux :

i. Le site de Tabelot, réputé pour ses intermédiaires commerciaux à l'origine de la création de l'UCMT, demeure au cœur des transformations structurelles profondes de la PI dans la région d'Agadez. Profitant de conditions biophysiques favorables leur permettant d'exploiter leurs terres sur toute l'année contrairement à celles des régions de Tillabéri et de Tahoua, les exploitants agricoles se sont tournés vers les principales cultures de rente à forte valeur ajoutée (oignon, aïl, pomme de terre, agrumes, fenouil) avec l'appui de plusieurs partenaires au développement (ONG chrétienne en particulier) et de l'Etat[18]. Sur ce site irrigué, les intermédiaires commerciaux contrôlent tous les secteurs d'activité liés à la PI : De jeunes opérateurs économiques, qui sont aussi des exploitants agricoles engagés dans la PI, sont propriétaires des camions de 10 tonnes mobilisés pour le transport de la production. Ils assurent la distribution des intrants agricoles, le financement des avances agricoles aux exploitants vulnérables, et la commercialisation des produits sur les marchés d'Agadez et de Niamey. Ces intermédiaires possèdent la majorité des terres et contrôlent la plupart des coopératives maraichères de la commune de Tabelot. Ils sont les partenaires privilégiés des importateurs extérieurs d'oignon et d'aïl de la sous-région. Certains de ces intermédiaires commerciaux sont les actionnaires des principales sociétés de distribution des intrants agricoles au Niger. Ce site, fortement enclavé sans aucune voie bitumée, assure la commercialisation de ses produits agricoles sur son marché hebdomadaire et sur les marchés d'Agadez, de Niamey et d'Arlit. Plusieurs projets de développement sont intervenus pour appuyer le développement de la petite irrigation : selon les producteurs interrogés, la contribution la plus significative au cours de ces dix dernières années émane du PromAP/GIZ qui a doté les exploitants agricoles d'intrants agricoles et leur a fourni des appuis conseil. Ces appuis, même en faible intensité, ont contribué à améliorer les techniques productives et encouragé les communautés à poursuivre leurs efforts de création de valeur par la PI, tout en continuant à mettre en œuvre leurs activités principales traditionnelles qui sont l'élevage et le commerce. Contrairement aux autres régions du Niger, les unions de

[18] A la fin des années 1970, le Gouvernement de l'époque avait pris des mesures pour l'achat de la pomme de terre par l'armée nigérienne à des prix rémunérateurs. Cette mesure, qui paraissait à l'époque insignifiante pour les observateurs extérieurs, allait susciter un fort engouement auprès des exploitants agricoles qui vont accroitre les superficies cultivées et amorcé la marchéisation du système de production par la PI dans le massif de l'Aïr.

coopératives demeurent très actives. L'UCMA est le vestige de sociétés coopératives créées au cours des années 1960. L'UCMT a été créée à l'initiative des intermédiaires commerciaux. Ces organisations de producteurs sont devenues des instruments institutionnels de contrôle des activités de production et de commercialisation dans le sous-secteur de la PI. Malgré des valeurs socio-culturelles contraignantes, les femmes sont présentes sur les parcelles irriguées de ce site, notamment grâce à des projets/programmes de développement qui ont organisé ces cheffes d'exploitation en groupements féminins qui, selon certains exploitants agricoles interrogés, constituent des « structures de luxe » de la petite irrigation.

ii. Oasis par excellence, Timia est au cœur du développement de l'arboriculture dans le massif de l'Aïr. Palmeraie jusqu'à la fin du 19ème siècle avec une forte densité de dattiers, cet oasis est devenu, après la grande famine de 1910, un site de vergers employant le Tékerkat (traction cameline qui a été progressivement complétée par la traction bovine19) pour les cultures maraichères et céréalières. Sur ce site de PI, la propriété des dattiers n'est pas liée à celle du sol. Dans la plupart des jardins, les propriétaires des dattiers sont différents de ceux de la terre conformément aux droits coutumiers. A partir des années 1970, la GKW a engagé des études techniques pour la réalisation de pistes à travers les montagnes pour désenclaver la zone. Plusieurs pistes ont été aménagées pour relier Timia aux autres agglomérations du massif de l'Aïr (Iférouane, Tabelot, Dabaga), ce qui a permis de jeter les bases d'une mise en valeur des terres à débouchés commerciaux. Par la suite, la GTZ a pris le relais en finançant la réalisation de travaux de protection des berges des koris, de seuils d'épandage des eaux des koris, et de puits maraichers. Parallèlement aux travaux de CES/DRS, la Giz a promu les cultures d'agrume, et facilité l'introduction de nouveaux types d'arbres fruitiers : citronniers, orangers, mandariniers, pamplemoussiers, et grenadine ont ainsi fait leur apparition dans les jardins de l'oasis de Timia, en plus des dattiers. D'autres espèces d'arbres fruitiers ont été introduites par les exploitants agricoles de manière formelle ou informelle : raisin, pomme du sahel, etc. Dans les jardins de Timia, li n'y a pas de femmes cheffes d'exploitation : seuls les hommes exercent les activités de production agricole. De même, l'implication des jeunes dans la PI est récente : le boom de l'oignon des années 1990 dans le massif de l'Aïr a convaincu ceux-ci de la viabilité économique et financière de l'agriculture irriguée. De nos jours, ils constituent les principaux investisseurs dans

[19] La traction bovine a disparu totalement du site ; selon les exploitants interrogés, les bovins ne sont adaptés pas aux conditions climatiques de la zone de Timia.

l'agriculture irriguée à travers les revenus issus de l'orpaillage sur les sites miniers de Tabelot. Comme à Tabelot, l'union des coopératives USCZT contrôle toutes les activités de production et de commercialisation dans la petite irrigation. Contrairement à Tabelot, certains secteurs d'activité restent toutefois sous le contrôle des exploitants agricoles, comme le transport des marchandises qui est assuré en partie par deux camions20 qui ont été fournis aux populations de Timia sous forme de don par des partenaires au développement (associations caritatives). D'autres camions appartenant à des intermédiaires commerciaux contribuent au transport des marchandises.

Photo 1 : parcelle du système de l'arboriculture/cultures maraichères et céréalières à Tabelot

[20] Un comité de gestion, présidé par le Chef traditionnel de Timia, a en charge la gestion des camions. Selon les personnes interrogées, la mairie a été écartée de cette gestion en raison d'une expérience passée de mauvaise gestion qui s'est traduite par l'arrêt des camions, les ressources financières destinées à la réparation de ceux-ci ayant été dilapidées.

Photo 2 : parcelle de la PI à Timia Oasis

iii. Situé à une quinzaine de kilomètres de l'oasis de Timia, le site irrigué de Téguert a été créé par un habitant de Timia qui, suite à la sécheresse de 1983-1984, a décidé de quitter l'oasis pour exploiter de nouvelles terres. D'autres habitants de Timia l'ont suivi, notamment après le boom de l'oignon et lors de la découverte de l'or à Tabelot. Ce site permet aux exploitants d'installer de nouvelles activités irriguées car l'oasis de Timia ne présente aucune possibilité d'extension des surfaces irriguées pour les exploitations. Les jeunes investisseurs de Timia dans la petite irrigation constituent les principaux propriétaires des parcelles de Téguert qui ont été bâties à l'image des jardins de l'oasis, c'est-à-dire avec des systèmes de culture de type arboriculture associée aux cultures maraichères et céréalières. La production de cultures de rente (fruits et oignon en particulier) représente la part la plus importante de ce système de culture. Les coopératives de Téguert sont membres de l'USCZT. Elles utilisent les mêmes camions que les exploitants agricoles de l'Oasis de Timia pour le transport de leurs produits agricoles. Ce site a bénéficié de plusieurs appuis, incluant pour les plus importants ceux du PromAP/GIZ, de la Croix Rouge, et du PNN à travers l'ONG HED TAMAT. Comme à Timia, il n'y a pas à Téguert de femmes cheffes d'exploitations irriguées. Les femmes réalisent en général l'élevage de petits ruminants (caprins et ovins) qui bénéficient des résidus de récolte.

Photo 3 : parcelle de la PI sur le site de Téguert

iv. Peuplé d'éleveurs touaregs nomades, Intideynawen est situé à la lisière du massif de l'Aïr, dans la commune de Gougaram (département d'Arlit). Le processus d'adoption de la petite irrigation par ces communautés touaregs est comparable à celui observé à Téguert : un habitant du village, ayant séjourné à Timia, a décidé de développer une exploitation agricole irriguée suite à la sécheresse de 1983-1984. La réussite de cette première expérience incitera d'autres membres de la communauté, déjà sédentarisés, à occuper des terres pour les exploiter par la PI. A cette époque, il s'agissait essentiellement de pratiquer des cultures céréalières et maraichères de subsistance, et surtout de développer une activité complémentaire à l'élevage, qui devait pallier le manque de pâturages pendant la longue période de saison sèche et chaude. Le boom de l'oignon dans le massif de l'Aïr a ensuite encouragé les exploitants agricoles à intensifier leurs investissements dans la PI et à orienter la PI vers la production de culture pour le marché et l'accumulation du capital. Depuis quelques années, les exploitants agricoles ont commencé à introduire des arbres fruitiers dans leurs systèmes de cultures, tels que les dattiers, les orangers et les citronniers. Il n'existe pas d'organisations de producteurs sur ce site de PI qui n'a bénéficié d'aucun appui de la part de projet/programme de développement au cours des deux dernières décennies (selon les personnes interrogées). Les cheffes d'exploitation sont en général des femmes divorcées ou des veuves vulnérables. La production irriguée leur permet d'assurer la subsistance de leurs familles. Le principal marché d'écoulement des produits agricoles est celui d'Arlit. Des camionnettes assurent le transport des marchandises entre le village et la ville d'Arlit. Il existe des intermédiaires commerciaux sur ce site irrigué, mais ceux-ci ne contrôlent pas les filières, contrairement à ce qui se passe sur d'autres sites de la région.

Photo 4 : parcelle exploitée en PI à Intideynawen

v. Toumga (Est)[21] est un village situé à la périphérie de la ville de Tchirozérine. Avec le développement du centre urbain, ce village a été absorbé par l'agglomération qui comporte l'usine thermique à charbon de production d'électricité destinée à alimenter les sites miniers d'Arlit. Les communautés touaregs qui y vivent ont quitté la vallée d'Iférouane il y a près d'un siècle, au moment où la PI a été introduite dans l'Oasis de Timia. Le contexte de l'époque, marqué par la famine et des guerres, a conduit ces populations touaregs à s'installer dans cette vallée fertile qui échappait aux razzias des toubous et de l'armée de Kaocen. Comme dans le massif de l'Aïr, l'arboriculture y est associée aux cultures maraichères et céréalières. Les cultures de rente produites sur ce site sont l'oignon, l'ail, la pomme de terre, et les fruits (dattiers essentiellement). Les productions agricoles sont principalement commercialisées sur les marchés d'Agadez et d'Arlit. Plusieurs organisations de producteurs sont présentes sur ce site. Elles sont en général peu actives en raison de leurs faibles capacités institutionnelles et organisationnelles. Sur ce site

[21] Il existe deux sites à Toumga, celui situé à l'Est de Tchirozérine et celui plus éloigné de la ville à l'Ouest. L'enquête a été réalisée sur le site de l'Est de la ville de Tchirozérine.

irrigué, les interventions de plusieurs projets/programmes de développement (Afrique verte, PRODEX, PromAP/GIZ) ont contribué à renforcer le rôle des femmes dans les activités de production reposant sur la PI.

Photo 5 : parcelle de la PI à Toumga Est

Contrairement à la région de Tahoua qui a bénéficié d'interventions massives de l'Etat et des partenaires au développement avec des résultats plus que mitigés, la PI dans la région d'Agadez demeure le résultat d'un processus exclusivement endogène, qui a été soutenu de manière méthodique et efficace par des partenaires au développement, tels que la coopération allemande et les organisations chrétiennes. Leurs interventions ont réussi à répondre aux besoins effectifs des exploitants agricoles engagés dans la PI. Malgré des contraintes liées à l'enclavement et au manque d'infrastructures de mobilisation des eaux, les exploitants agricoles engagés dans la PI sur les sites enquêtés font preuve d'ingéniosité et d'esprit d'initiative pour conduire les transformations structurelles et techniques aptes à favoriser la mise en œuvre de systèmes de production et de culture plus performants.

C. Typologie des systèmes de production

L'un des résultats attendus de cette étude diagnostic est l'élaboration « d'une typologie des systèmes de production intégrant la PI selon le niveau d'accès aux facteurs /moyens de production (terre/eau, capital, travail) et le degré de vulnérabilité sociale/économique des exploitations. Selon les TDR, « cette typologie restituera pour chaque type d'exploitation identifié, les stratégies mises en œuvre par les producteurs pour lever les contraintes d'accès aux moyens / facteurs de production (incluant les éventuelles interactions entre systèmes de culture pluviaux/irrigués et système d'élevage au sein de l'exploitation) ; ainsi que les niveaux de performance économique constatés (productivité de la terre, du capital, et du travail à l'échelle de l'exploitation) et leur variabilité ».

Dans la section réservée à la définition des concepts, nous avons défini le système de production comme étant « un ensemble structuré de moyens de production combinés entre eux pour assurer une production végétale et/ou animale en vue de satisfaire les objectifs et besoins de l'exploitant et de sa famille ». Il est considéré que le niveau d'analyse est l'unité de production c'est-à-dire l'exploitation agricole qui peut comprendre plusieurs parcelles de production. De même, la structure admise des facteurs de production est présentée comme suit : le travail, le capital technique (matériels/équipements de production) et la terre (capital foncier). Dans cette définition des facteurs de production, la « terre » concerne à la fois les ressources foncières ainsi que les eaux souterraines et de surface mobilisables qui peuvent être affectées par les conditions du milieu (climat, notamment).

Sous ces hypothèses, cette section comportera deux parties :

- ✓ Une première partie sera consacrée à la présentation des types de systèmes de production intégrant la PI (typologie des systèmes de production) ;
- ✓ Une seconde partie portera sur les performances économiques relatives des systèmes de production évalués.

C1. Présentation de la typologie des systèmes de production dans la région d'Agadez

Le système de production, tel que défini dans la sous-section portant sur la définition des concepts, repose essentiellement sur trois principaux facteurs de production :

✓ **Le capital technique** (équipements de production). Sur les cinq sites enquêtés, celui-ci est constitué principalement de petit matériel agricole (pelles, râteaux, binettes, brouettes, daba, etc.), d'équipements de pulvérisation de produits chimiques (pulvérisateurs, gants, bottes, combinaison de protection), d'équipements d'exhaure/irrigation (motopompe, réseau californien, système solaire, tuyaux en PVC, seau, arrosoir), d'infrastructures hydrauliques (puits, forages, bassin d'eau), et de matériels de diverses natures. Sur la majorité des sites, le labour est réalisé au tracteur à travers des contrats de prestation de services. Les charrettes asines et bovines sont quasi-absentes du massif de l'Aïr. Le capital technique détenu varie d'une exploitation agricole à une autre, et d'un site irrigué à l'autre : il est déterminé par les capacités financières initiales de l'exploitant agricole, c'est-à-dire son niveau de revenu. Dans la plupart des cas, le capital technique est acquis à partir des fonds propres de l'exploitation. Les appuis en équipement de PI par des projets/programmes de développement sont rares dans cette région. Certains producteurs louent une partie à la totalité du capital technique, contre rémunération sous diverses formes (en nature, en espèce, à la récolte, ou à d'autres échéances temporelles convenues) ou y accèdent sans paiement d'aucun frais (à titre gratuit). Dans cette région, le niveau d'investissement en équipements est en moyenne largement supérieur à celui observé dans les régions de Tillabéri et de Tahoua. Sur la plupart des sites enquêtés, des intermédiaires commerciaux financent l'acquisition de matériels performants sur leurs propres parcelles ou sur celles d'exploitants à faibles revenus, qui sont alors contraints de collaborer avec ceux-ci : réseau californien, pompe solaire, puits maraichers cimentés, forages d'eau, etc. Ce dernier mode d'acquisition des équipements est fréquent surtout sur les sites de Tabelot et d'Intideynawen.

✓ **Le travail** est fourni par de la main d'œuvre familiale complétée par le recours à des ouvriers agricoles sur l'ensemble des parcelles enquêtées. Dans la région d'Agadez, l'emploi de main d'œuvre familiale est plus complexe que dans les autres régions enquêtées. Il existe par exemple des cas où le chef d'exploitation travaille sur sa propre parcelle en qualité d'ouvrier agricole payé au même taux salarial que ceux-ci. Nous avons identifié ce cas dans les sites de Tabelot, Téguert (Timia hors oasis), et Intideynawen. Devenus des ouvriers agricoles au gré des circonstances économiques, ces chefs d'exploitation emploient aussi les autres membres de leurs familles à leurs côtés. Ensuite, certaines étapes de l'itinéraire technique sont réalisées en recourant à des prestations de services mécanisées (labour par exemple) ou par des travailleurs spécialisés (repiquage, semis, sarclage).
L'usage de main d'œuvre familiale pour la PI est moins systématique dans la région d'Agadez que dans les autres régions d'intervention de la coopération allemande. Le recours à la main d'œuvre familiale est plus particulièrement important dans les jardins de l'Oasis de Timia, sur quelques parcelles familiales de Tabelot et de Téguert, ainsi qu'à Toumga et Intideynawen. L'utilisation intensive de la main d'œuvre familiale n'apparaît pas déterminée par les orientations économiques du système de production. Elle est affectée essentiellement aux activités d'exhaure/irrigation, de fertilisation des parcelles,

et de lutte contre les ravageurs. En revanche, le recours à des ouvriers spécialisés est plus fréquent pour les travaux de labour (tracteur) et de semis/repiquage/sarclage par. L'âge moyen des chefs d'exploitation oscille entre 43 ans à Téguert (Timia hors oasis) et 51 ans à Toumga (Graphique 1).

Malgré le peu de qualification de la main d'œuvre, le degré de maitrise des techniques culturales reste appréciable sur les cinq sites de la PI enquêtés. Par ailleurs, 65% des chefs d'exploitation ont été scolarisés. A Timia Oasis, l'équipe a identifié plusieurs chefs d'exploitation titulaires du baccalauréat ou d'une licence, qui ont préféré s'engager dans la PI plutôt que de se porter sur le marché de l'emploi. Par ailleurs, les dynamiques d'échanges entre producteurs et les démonstrations endogènes de terrain sont plus fréquentes sur ces sites du massif de l'Aïr que partout ailleurs dans les deux autres régions enquêtées. Dans les autres régions enquêtées, ce sont principalement les projets/programmes de développement qui initient les échanges techniques. Ce n'est pas le cas dans le massif de l'Aïr, où ce sont les producteurs eux-mêmes qui recherchent les informations dont ils ont besoin auprès des techniciens agricoles, qui échangent avec leurs collègues, et qui expérimentent des pratiques dont ils ont entendu parler.

Graphique 1 : Ages moyens estimés des chefs d'exploitation sur les sites de la PI enquêtés

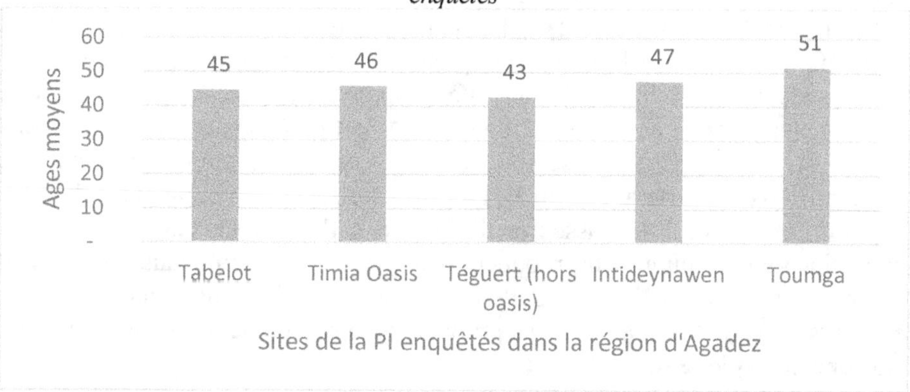

✓ **Le capital foncier (terre)** est un facteur de production critique pour l'activité agricole. Les exploitants agricoles, propriétaires ou locataires, ont conscience que la fertilité de la terre doit être entretenue ou reconstituée à travers des pratiques adaptées de gestion de la fertilité des sols, contribuant de manière significative aux rendements agricoles. Les chefs d'exploitation engagés dans la PI qui ne sont pas propriétaires des parcelles exploitées sont quasi-inexistants sur les sites enquêtés de la région d'Agadez, à l'exception des sites de Tabelot et de Timia Oasis. Sur ces deux sites irrigués, 95% des chefs d'exploitation sont propriétaires des terres exploitées. Par ailleurs, les chefs d'exploitation propriétaires de terres ont hérité celles-ci de leurs parents dans 90% des cas, ou sont les premiers occupants des parcelles mises en valeur. On retrouve toutefois quelques cas d'achat de terres sur les sites de Tabelot et de Timia (Oasis et hors oasis), indiquant l'existence d'un petit marché foncier.

Graphique 2 : superficies moyennes des parcelles irriguées dans chaque site (nb. d'hectare)

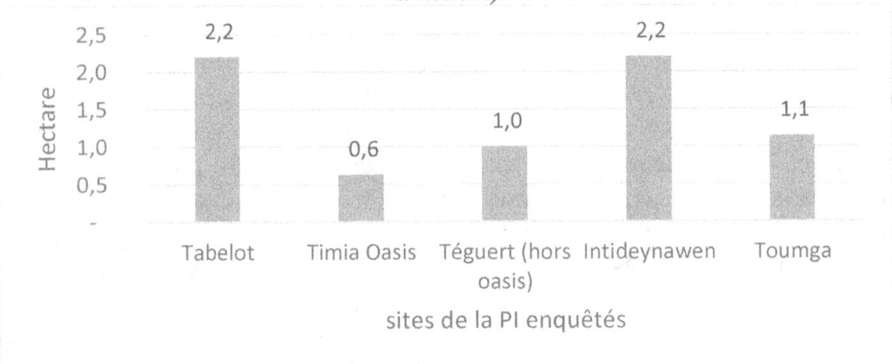

Le graphique 2 (ci-dessus) montre que les superficies des parcelles irriguées en PI sont en moyenne supérieures à 0,5 hectare. A Tabelot et Intideynawen, les parcelles irriguées font en moyenne 2,2 hectares. C'est à Timia que les parcelles les plus petites ont été observées. Dans l'oasis, certaines parcelles ont une superficie inférieure à 0,5 hectare. Les parcelles de plus d'1 hectare sont situées aux deux extrémités de l'Oasis, le long du kori. Depuis la fin des années 1990, les sites de Timia et de Tabelot ont atteint une situation de saturation foncière, avec le plein emploi des terres exploitables. C'est pour cela que des extensions hors oasis sont apparues et se sont développées, surtout depuis le début des années 2000 (Téguert par exemple). La forte croissance démographique dans les oasis du massif de l'Aïr, associée d'une part à l'accroissement des capacités financières et techniques de production irriguée des communautés locales et d'autre part à l'apparition de nouvelles opportunités de commercialisation des produits issus de la PI, a mené les producteurs à rechercher de nouvelles terres non encore exploitées.

Sur la base de l'accès à ces trois facteurs de production des chefs d'exploitation, huit types de système de production ont été définis (tableaux 6 et 7 ci-dessous) :

i. **Type de système de production 1** « Les plus nantis » : accès aux trois facteurs de production (capital technique et financier, main d'œuvre et terre). Ce type de système de production est présent essentiellement à Tabelot (2ème type le plus courant) et à Intideynawen (3ème type le plus courant). Les chefs d'exploitation nantis disposent à la fois des ressources financières qui leur permettent d'investir dans des équipements techniques productifs, d'une main d'œuvre familiale en grand nombre engagée dans la PI, et de superficies de terres importantes. Il faudrait souligner que nous prenons en compte la main d'œuvre familiale qui peut être potentiellement employée sur les parcelles de l'exploitation, toutes les conditions locales sociales du travail étant données. A ce titre, il demeure essentiel de prendre en compte les capacités de recrutement d'ouvriers agricoles par les exploitants agricoles. Sur ces deux sites, il s'agit en général d'intermédiaires commerciaux qui réalisent des investissements dans la PI.

ii. **Type de système de production 2 « métayers relativement aisés »** : accès au capital financier/technique et au travail, mais contraintes d'accès à la terre. Dans ce type de système de production, le chef d'exploitation dispose de ressources financières et d'une main d'œuvre familiale abondante ; mais il n'est pas propriétaire des terres qu'il met en valeur. Ces chefs d'exploitation ont recours à la location de terres. Dans le massif de l'Aïr, ces cas sont extrêmement rares.

iii. **Type de système de production 3 « employeurs de main d'œuvre extérieure »** : Accès au capital financier/technique et à la terre, mais contraintes d'accès au travail. Dans ce cas, le chef d'exploitation ne dispose pas de main d'œuvre familiale abondante, mais il possède de la terre et des ressources financières/techniques importantes. Par conséquent, il est contraint de faire appel à des ouvriers agricoles. Ce type de système de production n'a pas été identifié sur les sites de la PI enquêtés.

iv. **Type de système de production 4 « investisseurs privés »** : Accès au capital financier/technique, non accès au travail, non accès à la terre. Dans ce type de système de production, le chef d'exploitation n'a accès ni à la terre et au travail, mais dispose d'un capital financier/technique. C'est le cas des investisseurs (extérieurs ou locaux) qui recourent à la location de terre et à l'emploi d'ouvriers agricoles pour réaliser des cultures irriguées destinées exclusivement au marché. Ce type de système de production n'a pas été identifié sur les sites de la PI enquêtés.

v. **Type de système de production 5 « producteurs limités par l'accès au capital »** : Non accès au capital financier/technique, accès au travail, accès à la terre. Comme à Tahoua, ce type de système de production reste le plus courant sur les sites irrigués enquêtés de la région d'Agadez. Le chef d'exploitation dispose d'une main d'œuvre familiale importante et de ressources foncières, mais fait face à des contraintes d'accès au capital financier et technique. Il s'agit de producteurs locaux économiquement vulnérables, dont le système de production repose essentiellement sur la force de travail des membres de la famille (enfants, femmes, et hommes) et les terres familiales.

vi. **Type de système de production 6 « producteurs à force de travail abondante » :** non accès au capital financier/technique, accès au travail, non accès à la terre. Ce cas retrace les caractéristiques courantes des populations extrêmement vulnérables qui ne disposent que d'une main d'œuvre familiale abondante sur laquelle repose le système de production. Il s'agit de systèmes de production à fort taux d'autoconsommation et dont les revenus issus de la production sont le plus souvent affectés à la subsistance. Ces chefs d'exploitation ont recours aux équipements techniques de production mis à disposition par d'autres exploitants agricoles à titre gratuit (sous la forme d'aide ponctuelle). Ce système est présent à Tabelot (3ème type le plus courant), Timia Oasis (2ème type le plus courant), et à Toumga (3ème type le plus courant).

vii. **Type de système de production 7 « propriétaires contraints par l'accès au capital et au travail »**: Non accès au capital financier/technique, non accès au travail, accès à la terre. Ce type de système de production a été identifié sur les sites de Téguert (2ème type le plus courant), Intideynawen (1er type le plus courant), et Toumga (2ème type le plus courant). Dans la région d'Agadez, la terre constitue le facteur de production le moins discriminant, comme indiqué précédemment. Ces chefs d'exploitation sont contraints dans la plupart des cas d'utiliser les équipements de production d'autres exploitants agricoles à titre gratuit et d'employer des ouvriers agricoles qui acceptent d'être rémunérés au terme de la campagne agricole, à la commercialisation des productions.

viii. **Type de système de production 8 « producteurs rencontrant des contraintes d'accès à la terre, au travail et au capital »**: Non accès au capital financier/technique, non accès au travail, non accès à la terre. Rare dans la région d'Agadez, ce type de système de production est mis en œuvre par des chefs d'exploitation extrêmement vulnérables qui ne sont pas originaires du site irrigué. Ce type de système de production est inexistant sur les sites de Tabelot et d'Intideynawen, mais quelques cas ont été identifiés sur les autres sites irrigués enquêtés (Timia Oasis, Téguert, et Toumga).

Au degré d'accès des chefs d'exploitation aux facteurs de production correspond le type structurel de système de production, qui détermine à son tour le type de technologie / innovation pouvant être mise en œuvre par l'exploitant agricole.

L'accès aux facteurs de production détermine la contribution de chacun de ceux-ci à la création de valeurs, c'est-à-dire les productivités respectives de ces facteurs de production dont la somme est supposée égale à un dans les fonctions de production Cobb-Douglas à rendement d'échelle constant. Concrètement, dans la région d'Agadez, tout semble faire croire que le travail et la terre constituent les facteurs de production abondants sur lesquels les systèmes de production reposent. Si cela est vrai, les productivités du travail et de la terre, c'est-à-dire les contributions du travail et de la terre à la formation du revenu de l'exploitant agricole, demeurent plus élevées que celles du capital. Soulignons que le capital, le travail, et la terre sont estimés sous la forme d'indice ou de stock ; aucune distinction n'est effectuée entre le travail familial et le travail des ouvriers agricoles, cette distinction permettant simplement de comprendre la nature sociale des forces de travail employées dans le processus de production. Sous ces conditions, comme le montrent les modèles de croissance endogène, ce sont les investissements dans le capital humain (développement des connaissances, formation, renforcement des capacités humaines, appui institutionnel et organisationnel) et dans la terre (gestion de la fertilité des sols, accroissement des superficies exploitées, etc.) qui, sur la base des « externalités positives », peuvent engendrer un développement de la PI à travers la mise en œuvre de rendements d'échelle croissants, avant les innovations technologiques qui se greffent sur le facteur capital dont la contribution à la formation du revenu est faible dans cette région.

En effet, la théorie de la croissance endogène montre que la prise en compte du capital humain dans une fonction de production Cobb-Douglas à rendement d'échelle constant transforme celle-ci en une fonction de production à rendement d'échelle croissant à partir de l'effet d'externalité qui résulte de l'intégration de la qualité du travail dans le système de création de valeurs. Ces modèles montrent que des variations relativement faibles des ressources consacrées notamment à l'accumulation du capital humain peuvent entraîner des variations importantes de la production par travailleur. Il permet donc de mieux expliquer les différences importantes des niveaux de revenu réel par producteur en particulier (voir encadré ci-dessous).

Encadré 1

$Y = c\,K^{\alpha}\,L^{\beta}\,S^{\gamma}\,H$

Et, $(\alpha + \beta + \gamma) = 1$ (hypothèse de rendement d'échelle constant)

Avec Y = niveau de production K = niveau du capital technique L = le volume du travail, S = stock de capital immobilier (superficie de terre exploitée), H = stock de capital humain, c, α, β, et γ sont des constantes qui sont déterminées par la technologie appliquée. Et, α, β, et γ représentent respectivement les élasticités de la production par rapport au capital, au travail, et à la superficie cultivée.

Si l'on considère que : $H = h\,L^{\mu}$ avec H = capital humain L= le volume du travail, et h et μ des constantes positives. μ constitue l'élasticité du capital humain par rapport au volume de l'emploi. Il s'ensuit que : $Y = a\,K^{\alpha}\,L^{(\beta+\mu)}\,S^{\gamma}$ avec a une constante positive et $(\alpha+\beta+\mu+\gamma)>1$ (condition de rendements d'échelle croissants).

Ces observations, mêmes théoriques, serviront de support à l'évaluation des types de système de production identifiés sur les cinq sites de la PI enquêtés.

Tableau 7 : Caractérisation des possibilités de type de système de production en fonction des facteurs de production

Degré d'accès au capital	**Degré d'accès au travail**	**Degré d'accès à la terre**	**Type**	**Stratégie**
Elevé	*Elevé*	*Elevé*	*SP 1*	*Intensification*
		Faible	*SP 2*	*Intensification / Intégration de l'amont et l'aval de la production / Location de terre*
	Faible	*Elevé*	*SP3*	*Intensification / Recours à des ouvriers agricoles*
		Faible	*SP 4*	*Intensification / Recours à des ouvriers agricoles et terres louées / Intégration de l'amont et l'aval de la production*
Faible	*Elevé*	*Elevé*	*SP 5*	*Agriculture contractuelle, vente à la récolte*
		Faible	*SP 6*	*Subsistance - Vente de sa force de MO*
	Faible	*Elevé*	*SP 7*	*Subsistance - Mise en location des parcelles*
		Faible	*SP 8*	*Subsistance - Exode, changement d'activité, salariat agricole*

Tableau 8 : structure et classement par ordre d'importance des types de système de production

Sites de la PI	**Type de système de production**							
	Type de système de production 1 : accès aux trois facteurs de production (capital technique et financier, travail, terre).	**Type de système de production 2 : Accès au capital financier/technique, accès au travail, non accès à la terre.**	**Type de système de production 3 : Accès au capital financier/technique, non accès au travail, et accès à la terre.**	**Type de système de production 4 : Accès au capital financier/technique, non accès au travail, non accès à la terre.**	**Type de système de production 5 : Non accès au capital financier/technique, accès au travail, accès à la terre.**	**Type de système de production 6 : Non accès au capital financier/technique, accès au travail, non accès à la terre.**	**Type de système de production 7 : Non accès au capital financier/technique, non accès au travail, accès à la terre.**	**Type de système de production 8 : Non accès au capital financier/technique, non accès au travail non accès à la terre.**
Tabelot	Deuxième type de système de production le plus courant (Hommes)	Inexistant	Inexistant	Inexistant	Premier type de système de production le plus courant (Hommes)	Troisième type de système de production le plus courant (Hommes)	Inexistant	Inexistant
Timia Oasis	Inexistant	Inexistant	Inexistant	Inexistant	Premier type de système de production le plus courant (Hommes)	Deuxième type de système de production le plus courant (Hommes)	Inexistant	Troisième type de système de production le plus courant (Hommes)
Téguert (Timia hors oasis)	Inexistant	Inexistant	Inexistant	Inexistant	Premier type de système de production le plus courant (Hommes)	Inexistant	Deuxième type de système de production le plus courant (Hommes)	Troisième type de système de production le plus courant (Hommes)
Intideynawen	Troisième type de système de production le plus courant (Hommes)	Inexistant	Inexistant	Inexistant	Deuxième type de système de production le plus courant (Hommes, Femmes)	Inexistant	Premier type de système de production le plus courant (Hommes, Femmes)	Inexistant
Toumga	Inexistant	Inexistant	Inexistant	Inexistant	Premier type de système de production le plus courant (Hommes/femmes)	Troisième type de système de production le plus courant (Hommes)	Deuxième type de système de production le plus courant (Hommes)	Quatrième type de système de production le plus courant (Femmes)

L'identification des types de système de production présents sur chacun des sites enquêtés a été mise en œuvre à travers des entretiens structurés individuels avec les chefs d'exploitation dont les résultats sont présentés dans le tableau 7 ci-dessus. Trois principales remarques peuvent être faites :

i. Les structures des systèmes de production présents sur les sites enquêtés sont plus homogènes dans la région d'Agadez que dans les autres régions. Nous n'avons pas identifié de SP de types 2, 3, et 4 sur la plupart des sites enquêtés, contrairement aux systèmes de types 1, 5, 6, 7, et 8. Les systèmes de production de type 5 sont les plus courants sur quatre des cinq sites enquêtés.
ii. L'accès à la terre constitue le facteur commun à l'ensemble des systèmes de production identifiés dans la région d'Agadez. Il constitue le facteur de production privilégié par les exploitants agricoles dans le processus de création de valeurs. A ce titre, les pratiques de préparation des sols, de semis, et de fertilisation des parcelles sont beaucoup plus valorisées par les exploitants agricoles qui estiment que les apports en produit chimique constituent une condition nécessaire et suffisante pour améliorer les niveaux des rendements agricoles.
iii. Malgré leurs orientations vers le marché, les systèmes de production les plus courants sont confrontés à des difficultés d'accès au capital financier/technique. Ce paradoxe s'explique principalement par les modalités de commercialisation des produits de la PI dans le massif de l'Aïr. Celle-ci pénalise les producteurs dont la part de valeur captée se réduit d'année en année.

Les sites irrigués enquêtés comportent peu de disparités au niveau des systèmes de production pratiqués :

i. A **Tabelot et Intideynawen,** nous avons identifié des systèmes de production basés sur le capital technique/financier, contrairement aux trois autres sites où ce sont les systèmes de production caractérisés par l'accès au travail et à la terre qui sont les plus courants. Cela s'explique par le degré plus élevé de spécialisation de ces deux sites dans les cultures de rente. A Tabelot, le boom des exportations dans les années 1990 a transformé les systèmes de production et engendré des effets de levier à travers l'effet à la fois multiplicateur et accélérateur des niveaux élevés de revenus issus des exportations reçus par les intermédiaires commerciaux. Les systèmes de production caractérisés par le non accès aux trois facteurs de production sont absents de ces deux sites irrigués en PI.

ii. Les sites de **Timia Oasis, Téguert et de Toumga** se singularisent par la présence de systèmes de production de type 8 (contraintes d'accès aux trois facteurs de production). Dans ces deux sites , les terres non encore exploitées sont situées de plus en plus loin des habitations. Par ailleurs, l'exploitation des mines d'or dans le massif de l'Aïr a fortement accru la valeur marchande des terres agricoles. L'extrême pauvreté a conduit certains chefs d'exploitation à vendre leurs terres, de telle sorte que l'on retrouve de plus en plus ces chefs d'exploitation extrêmement vulnérables surtout dans l'oasis de Timia. Ces chefs d'exploitation sont contraints de faire appel aux ressources d'autres exploitants pour pouvoir produire et nourrir leurs familles respectives.

Cette description des types de système de production sur chaque site ne prend pas en compte le rôle des autres activités agricoles (élevage, exploitation de ressources forestières, prestation de services, commerce/artisanat) dans le processus de création de valeurs au sein de l'exploitation agricole. Dans cette région, il n'y a aucune activité de pêche, ni d'agriculture pluviale. Les interactions entre les activités agricoles/non agricoles et la production irriguée peuvent être décrites comme suit :

i. ***La petite irrigation ne se substitue pas aux activités agricoles notamment à l'élevage sur tous les sites enquêtés. Elle est mise en œuvre comme une activité complémentaire aux autres activités de l'exploitation agricole ou comme une activité supplémentaire favorisant un relèvement des niveaux des revenus***. Sur les sites enquêtés, l'élevage joue un rôle marginal dans la formation des revenus. Même à Intideynawen qui est un site d'élevage (petits ruminants et camelins principalement), il contribue très peu au financement des autres activités économiques. Dans le massif de l'Aïr, trois activités assurent le financement de la PI : l'exploitation des mines d'or, le commerce (charbon, produits manufacturés divers, aliments et carburants importés des pays du Maghreb), et le transport de marchandises. L'exode et le tourisme ne contribuent plus au développement des activités économiques dans la région d'Agadez.

ii. ***Au sein des exploitations agricoles, chaque activité correspond à un système de production spécifique régi par les buts qui lui sont assignés et indépendant vis-à-vis des autres modalités de création de valeurs***. Comme dans les autres régions enquêtées, les exploitants agricoles exercent plusieurs activités économiques qui sont autonomes les unes des autres même si, in fine, les pertes des unes sont compensées par les profits des autres. La diversification des activités économiques est essentielle dans la région d'Agadez où le contexte d'enclavement des zones de production et de forte concurrence entre les exploitations agricoles fait subsister de multiples incertitudes sur le processus de création de richesses.

En définitive, il ressort de cette identification des types de système de production présents sur les sites enquêtés que ***les approches globales régulatoires, comme***

celles préconisées par la SPIN, risquent de s'avérer inefficaces et de conduire à des distorsions dans le secteur de la PI. La diversité des systèmes présents sur chaque site impose de construire les interventions de développement en fonction des types de système de production. Or, la maitrise des systèmes de production ne peut résulter que d'une approche décentralisée, c'est-à-dire qui s'appuie sur les exploitations prises individuellement. Ainsi, le passage de « l'irrigant de subsistance à l'irrigant professionnel » ne peut être engendré par une « impulsion d'une professionnalisation des exploitants et de leurs organisations, un développement de l'industrie agro-alimentaire, et une amélioration de la qualité des productions pour les marchés externes »[22].

Plutôt, il résultera d'abord d'une parfaite connaissance des types de système de production appliqués sur les sites de la PI par les exploitants agricoles et des ajustements microéconomiques qui les soutendent. Ceci devrait conduire à l'abandon des interventions de nature communautaire sur les sites de la PI qui obligent les exploitants agricoles à intégrer des organisations communautaires de base à buts non lucratifs qui ne répondent pas à leurs aspirations de devenir des « irrigants professionnels ». En d'autres termes, les politiques nationales devront lever l'équivoque consistant à vouloir faire de la PI à la fois un instrument de sécurité alimentaire, donc de subsistance, et un facteur d'accélération de la croissance économique, et ainsi d'accumulation du capital. Ce sont ces choix stratégiques contradictoires[23] qui expliquent au moins pour partie les retards dans les transformations structurelles des exploitations engagées dans la PI et les multiples contraintes auxquelles les chefs d'exploitation font face dans la mise en œuvre de leurs systèmes de production.

C2. Performances économiques et financières des systèmes de production

L'évaluation des performances économiques et financières des systèmes de production a été réalisée en calculant deux types d'indicateurs :

I. **La Valeur Ajoutée Brute (VAB) par hectare**, ou marge brute/ha, qui constitue le solde par hectare du compte de production. Celle-ci a été calculée à la fois pour toutes les activités réalisées par le chef d'exploitation, et de manière spécifique pour les activités de la PI. Ceci

[22] SPIN, page 34

[23] Du point de vue de la théorie économique, la production reste fondamentalement orientée vers le marché. Car, dès lors que nous considérons que l'économie nigérienne a quitté sa phase primitive pour s'engager sur le chemin de la division du travail et donc de la spécialisation, il est inconcevable d'estimer qu'un tel système économique puisse coexister avec un système primaire économique où chacun produirait des biens pour satisfaire ses propres besoins alimentaires. C'est pour cela que toutes nos réflexions portent sur une hypothèse forte qui est celle de considérer ces pratiques d'auto-consommation comme marginales. Et, elles peuvent être considérées comme des biens détournés du marché que l'exploitant agricole s'achète à lui-même au prix courant du marché (Adam Smith, 1776).

permet d'évaluer les productivités du capital technique et du travail à l'échelle de l'exploitation.

II. **L'Excédent Brut d'Exploitation (EBE) par hectare** constituant le solde par hectare du compte d'exploitation. Ce résultat d'exploitation sera calculé aussi à la fois pour toutes les activités de l'exploitation et pour la PI en particulier. L'estimation de l'EBE permet d'évaluer la répartition du revenu d'exploitation par poste de dépenses, et les taux de rentabilité des investissements.

Celle-ci a été conduite dans le cadre méthodologique suivant :

I. Toutes les données économiques et financières sont présentées sous la forme de valeurs moyennes en francs CFA courants portant sur les années 2018 et 2019.

II. Sur chaque site, le type de système de production le plus courant est évalué. Ceci implique que le type (7) sera évalué sur le site d'Intideynawen, et le type (5) sur les autres sites de la PI enquêtés. Par système de production le plus courant, il faut entendre le système de production qui est pratiqué par au moins 90% des exploitants agricoles engagés dans la PI. Parmi les autres systèmes de production identifiés sur les sites de la PI, il existe des systèmes de production marginaux qui sont soit réalisés par des exploitants agricoles constituant des exceptions en termes de modalités d'exploitation par la PI (investisseurs extérieurs, personnes vulnérables extérieures, exploitants locaux à conditions de vie spécifiques, etc.). ***Ces autres types de système de production (c'est-à-dire les types 1, 6 et 8) ont également été évalués.***

III. Les données étant présentées par exploitation/système de production, les résultats des analyses ne peuvent faire l'objet de généralisation.

Performances économiques et financières des systèmes de production :
Cas du type 5 à Tabelot

Identification de l'exploitation

Site de la PI	**Tabelot**
Type de système de production	Accès au travail et à la terre, non accès au capital financier/technique,
Genre Chef d'exploitation/Activités	Hommes/Cultures irriguées
Système de culture de la PI	Cultures maraichères et céréalières
Période des données	2018-2019
Nombre de campagne PI/an	3
Période de la PI	Toute l'année

Facteurs de production et actifs de l'exploitation

Terre	**Nombre**	**Superficie totale (ha)**	**Superficie exploitée cumulée dans l'année (ha)**	**Valeur marchande au 30/06/2020 (francs CFA)**
Parcelle de la PI	2	2	1,7	3 000 000
Champs culture pluviale	0	0	0	0
Total	**2**	**1**	**1**	**3 000 000**

Equipement technique	**Nombre**	**Valeur marchande au 31/12/2019 (francs CFA)**	**Observations**
Motopompe	1	85 000	Achat
Tuyaux	Lot	40 000	Achat
Petits équipements	Lot	4 500	Achat
Total		**129 000**	

Main d'œuvre	Nombre (H/J)	Coût salarial moyen annuel (francs CFA)	Nombre actifs ETP*
Main d'œuvre familiale	540	540 000	1,5
Ouvriers agricoles	360	360 000	1
Main d'œuvre communautaire	0	0	-
Total	900	**900 000**	**2,5**

*ETP : Equivalent temps plein

Prestations de services reçues	Nombre d'Hommes/jours	Coût unitaire moyen annuel (francs CFA)	Coût total moyen annuel (francs CFA)
Tracteur (labour)	3	20 000	60 000
Pulvérisation de produits phytosanitaires	0	0	0
Diverses prestations de service	3	10 000	30 000
Total			**90 000**

Elevage	Nombre de têtes détenues au 16/12/2019	Nombre de têtes vendues en moyenne au cours de la période 2018-2019	Nombre net de naissance annuelle au cours de la période 2018-2019
0	0	0	0

Autres revenus de l'exploitation	Montant annuel moyen reçu (francs CFA) au cours de la période 2018-2019
Total	**0**

Compte de production de la PI

Désignation	Emplois (FCFA)	Ressources (FCFA)	Observations
Chiffre d'affaires moyen annuel à l'hectare		1 095 490	Oignon, tomate, blé, mais, pomme de terre
Consommation intermédiaire moyenne annuelle par hectare	900 765		Semences, produits phytosanitaires, engrais chimiques, fumure organique, essence, huile de moteur, services agricoles, entretien matériels agricoles
Valeur ajoutée brute moyenne annuelle à l'hectare	**194 725**		
TOTAL	**1 095 490**	**1 095 490**	

Compte d'exploitation de la PI

Désignation	Emplois (FCFA)	Ressources (FCFA)	Observations
Valeur ajoutée brute moyenne annuelle à l'hectare		194 725	C'est le solde du compte de production
Charges d'exploitation moyennes annuelles à l'hectare	779 912		Salaires, taxes de marché, transport, conditionnement
Excédent brut d'exploitation moyen annuel à l'hectare	**- 585 187**		
TOTAL	**194 725**	**194 725**	

Structure des revenus d'exploitation

	Revenu annuel moyen (FCFA)	Part dans le revenu annuel moyen	Revenu moyen annuel à l'hectare (FCFA)
Agriculture irriguée	251 922	100%	148 189
Total		100%	

Répartition des dépenses moyennes annuelles

	Part dans les dépenses totales
Alimentation des membres de la famille	50%
Habillement des membres de la famille	5%
Cérémonies religieuses (baptêmes, mariages)	5%
Frais de santé	5%
Frais scolaires des enfants	3%
Investissements productifs dans la PI	30%
Zakat et autres dons	2%
Total	100%

Indicateurs clé de performance de l'exploitation agricole (cultures irriguées)

Indicateurs	Valeur	Observations sur modalités de calcul
Productivité moyenne annuelle par actif	**77 890 FCFA**	**VAB par hectare/nombre actifs ETP**
Taux de valeur ajoutée brute par hectare	**17,78%**	**VAB par hectare/CA par hectare**
Productivité moyenne du travail	**650 FCFA**	**EBE par hectare/main d'œuvre utilisée par hectare**
Productivité moyenne du capital ou Taux de rentabilité interne	**34,8%**	**EBE par hectare/coût total de production y compris la main d'œuvre familiale**

Performances économiques et financières

Ce système de production n'est pas viable. Le taux de création de valeur à l'hectare est de 17,78%. Il ne permet pas à la valeur ajoutée brute de couvrir les charges d'exploitation. Ce SP est associé à des productivités de la terre faibles et à des productivités du travail et du capital qui sont négatives. Ce chef d'exploitation demeure fortement endetté et travaille à chaque campagne pour rembourser ses dettes de la dernière saison. Ce sont les revenus salariaux non versés à la main d'œuvre familiale qui lui permettent de subsister au cours de l'année.

Performances économiques et financières des systèmes de production : Cas du type 5 à Timia Oasis

Identification de l'exploitation

Site de la PI	**Timia oasis**
Type de système de production	accès au travail et à la terre, non accès au capital financier/technique,
Genre Chef d'exploitation/Activités	Homme/Agriculture irriguée –Elevage
Système de culture de la PI	Arboriculture associée aux cultures maraichères et céréalières
Période des données	2018-2019
Nombre de campagne PI/an	3
Période de la PI	Toute l'année

Facteurs de production et actifs de l'exploitation

Terre	**Nombre**	**Superficie totale (ha)**	**Superficie exploitée cumulée dans l'année (ha)**	**Valeur marchande au 31/12/2019 (francs CFA)**
Parcelle de la PI	2	2	3,5	6 000 000
Champs culture pluviale	0	0	0	0
Total	**2**	**2**	**2**	**6 000 000**

Equipement technique	**Nombre**	**Valeur marchande au 31/06/2020 (francs CFA)**	**Observations**
Motopompe	2	225 000	Achat
Arrosoir	3	15 000	Subvention projet
Petits équipements agricoles	Lot	20 000	achat
Tuyaux	Lot	100 000	

Total		**380 000**	

Main d'œuvre	Nombre (H/J)	Coût salarial moyen annuel (francs CFA)	Nombre actifs ETP
Main d'œuvre familiale	1 080	1 080 000	3
Ouvriers agricoles	360	360 000	1
Total	1 440	**1 440 000**	**4**

Prestations de services reçues	**Nombre d'Hommes/jours**	**Coût unitaire moyen annuel (francs CFA)**	**Coût total moyen annuel (francs CFA)**
Prestation pour le transport	-	1 105 500	1 105 500
Total	0	1 105 500	1 105 500

Élevage	**Nombre de têtes détenues au 08/07/2020**	**Nombre de têtes vendues en moyenne au cours de la période 2018-2019**	**Nombre net de naissance annuelle au cours de la période 2018-2019**
Ovin	30	0	8
Caprin	20	0	14
Camelin	1	0	1
Asin	5	0	3

Autres revenus de l'exploitation	**Montant annuel moyen reçu (francs CFA) au cours de la période 2018-2019**
Néant	0
Total	**0**

Compte de production de la PI

Désignation	Emplois (FCFA)	Ressources (FCFA)	Observations
Chiffre d'affaires moyen annuel à l'hectare		4 410 500	Blé, orge, maïs, mil, oignon, aïl, pomme de terre, fenouil, et 14 fruits
Consommation intermédiaire moyenne annuelle par hectare	781 934		Produits phytosanitaires, engrais chimiques, fumure organique, services agricoles
Valeur ajoutée brute moyenne annuelle à l'hectare	**3 628 066**		
TOTAL	**4 410 500**	**4 410 500**	

Compte d'exploitation de la PI

Désignation	Emplois (FCFA)	Ressources (FCFA)	Observations
Valeur ajoutée brute moyenne annuelle à l'hectare		3 628 066	Solde du compte de production
Charges d'exploitation moyennes annuelles à l'hectare	3 145 500		Salaires, transport, conditionnement, stockage, et frais divers d'exploitation
Excédent brut d'exploitation moyen annuel à l'hectare	**482 566**		
TOTAL	**3 628 066**	**3 628 066**	

Compte de production Elevage

Désignation	Emplois (FCFA)	Ressources (FCFA)	Observations
Chiffre d'affaires moyen annuel		620 000	Ovin, caprin, camelin, asin
Consommation intermédiaire moyenne annuelle	407 500		
Valeur ajoutée brute moyenne annuelle	**212 500**		
TOTAL	**620 000**	**620 000**	

Compte d'exploitation Elevage

Désignation	Emplois (FCFA)	Ressources (FCFA)	Observations
Valeur ajoutée brute moyenne annuelle		212 500	Solde du compte de production
Charges d'exploitation moyennes annuelles	119 500		Salaires, et diverses charges d'exploitation
Excédent brut d'exploitation moyen annuel	**93 000**		
TOTAL	**212 500**	**212 500**	

Structure des revenus d'exploitation

	Revenu annuel moyen (FCFA)	Part dans le revenu annuel moyen	Revenu moyen annuel à l'hectare (FCFA)
Agriculture irriguée	2 768 960	96 ,4%	791 131
Elevage	102 500	-	-
Total	2 871 460	3,6%	791 131

Répartition des dépenses moyennes annuelles

	Part dans les dépenses totales
Alimentation des membres de la famille	80%
Habillement des membres de la famille	
Cérémonies religieuses (baptêmes, mariages)	
Frais de santé	
Frais scolaires des enfants	20%
Investissements productifs dans la PI	

Investissements productifs dans l'élevage	
Investissements productifs dans le commerce	
Zakat et autres dons	
Total	100%

Indicateurs clé de performance de l'exploitation agricole (cultures irriguées)

Indicateurs	Valeur	Observations sur modalités de calcul
Productivité moyenne annuelle par actif	**907 016,5 francs CFA**	**VAB par hectare/nombre actifs ETP**
Taux de valeur ajoutée brute par hectare	**82,26%**	**VAB par hectare/CA par hectare**
Productivité moyenne du travail	**1 182,9 francs CFA**	**EBE par hectare/main d'œuvre utilisée par hectare**
Productivité moyenne du capital ou Taux de rentabilité interne	**12 ,29%**	**EBE par hectare/coût total de production y compris la main d'œuvre familiale**

Présentation des performances économiques et financières

Cette parcelle enquêtée constitue une référence dans l'oasis de Timia en matière de développement de la PI. Le chef d'exploitation, âgé de 84 ans, a fait partie de l'équipe de manœuvres locaux qui assistaient les experts allemands dans la diffusion de nouvelles espèces d'arbres fruitiers dans le massif de l'Aïr dans les années 1970. Il est le promoteur de la foire des produits maraichers (agrumes et légumes) organisée chaque année à Niamey, au cours des mois de décembre et janvier. Il est le premier exploitant agricole à avoir produit des raisins (rouge, blanc, cardinal), des poires, et des pommes au Niger. Les performances agronomiques, économiques et financières de cette exploitation demeurent modestes : avec un taux de création de valeurs de 82,26% et une VAB/ha de plus de 900 000 francs CFA, ce chef d'exploitation devrait atteindre des performances économiques et financières satisfaisantes. Cependant, il fait face à des charges d'exploitation exorbitantes du fait de l'adoption de la motopompe à essence comme moyen d'exhaure/irrigation et de l'enclavement de l'Oasis de Timia. Ce chef d'exploitation a réalisé un excédent brut d'exploitation relativement faible. Même si ses rendements agricoles et sa productivité moyenne du travail paraissent satisfaisants, ses résultats d'exploitation sont médiocres au regard des investissements réalisés et des 3,5 hectares exploités pendant toute l'année.

Performances économiques et financières des systèmes de production : Cas du type 5 à Téguert

Identification de l'exploitation

Site de la PI	**Téguert (Timia hors oasis)**
Type de système de production	accès au travail et à la terre, non accès au capital financier/technique,
Genre Chef d'exploitation/Activités	Homme/Agriculture irriguée et Elevage
Système de culture de la PI	Arboriculture associée aux cultures maraichères et céréalières
Période des données	2018-2019
Nombre de campagne PI/an	2
Période de la PI	Octobre-février et juin-septembre

Facteurs de production et actifs de l'exploitation

Terre	**Nombre**	**Superficie totale (ha)**	**Superficie exploitée cumulée dans l'année (ha)**	**Valeur marchande au 10/07/2020 (francs CFA)**
Parcelle de la PI	1	0,5	0,6	1 500 000
Total		**0.5**	**0,6**	**1 500 000**

Equipement technique	**Nombre**	**Valeur marchande au 10/07/2020 (francs CFA)**	**Observations**
Pulvérisateur	1	12 000	Achat
Arrosoir	1	3 500	Don d'un projet
Motopompe	1	80 000	achat
Pelle	1	3 000	
Pioche	1	2 000	
Binette	1	2 000	
Binette	1	1 000	
Tuyaux	31	93 000	

Total		**196 500**	

Main d'œuvre	Nombre (H/J)	Coût salarial moyen annuel (francs CFA)	Nombre actifs ETP
Main d'œuvre familiale	840	840 000	3,5
Ouvriers agricoles	180	180 000	0,75
Total	**920**	**1 020 000**	4,25

Hypothèse : salaire mensuelle de 30 000 francs /mois. Sur cette exploitation, la main d'œuvre extérieure n'est pas rémunérée directement. Elle est payée à la fin de la campagne selon les modalités suivantes : le chef d'exploitation et les ouvriers extérieurs se partagent à parts égales l'excédent brut d'exploitation sans les charges salariales c'est-à-dire *(Recette totale – Consommation intermédiaire – charges d'exploitation autres que celles liées au travail)/2*

Prestations de services reçues	**Nombre d'Hommes/jours**	**Coût unitaire moyen annuel (francs CFA)**	**Coût total moyen annuel (francs CFA)**
Total	0	0	0

Élevage	**Nombre de têtes détenues au 10/07/2020**	**Nombre de têtes vendues en moyenne au cours de la période 2018-2019**	**Nombre net de naissance annuelle au cours de la période 2018-2019**
Ovin	16	0	6
Caprin	56	0	24
TOTAL	72	0	30

Autres revenus de l'exploitation	**Montant annuel moyen reçu (francs CFA) au cours de la période 2018-2019**
Total	**0**

Compte de production de la PI

Désignation	Emplois (FCFA)	Ressources (F CFA)	Observations
Chiffre d'affaires moyen annuel à l'hectare		3 195 833	
Consommation intermédiaire moyenne annuelle par hectare	1 576 250		Carburants, huile moteur, produits phytosanitaires, engrais chimique
Valeur ajoutée brute moyenne annuelle à l'hectare	**1 619 583**		
TOTAL	**3 195 833**	**3 195 833**	

Compte d'exploitation de la PI

Désignation	Emplois (FCFA)	Ressources (FCFA)	Observations
Valeur ajoutée brute moyenne annuelle à l'hectare		1 619 583	Solde du compte de production
Charges d'exploitation moyennes annuelles à l'hectare	1 736 000		Salaires, diverses charges d'exploitation
Excédent brut d'exploitation moyen annuel à l'hectare	**- 116 417**		
TOTAL	**1 619 583**	**1 619 583**	

Compte de production Elevage

Désignation	Emplois (FCFA)	Ressources (FCFA)	Observations
Chiffre d'affaires moyen annuel		220 000	Ovin, caprin
Consommation intermédiaire moyenne annuelle	167 500		
Valeur ajoutée brute moyenne annuelle	**52 500**		
TOTAL	**220 000**	**220 000**	

Compte d'exploitation Elevage

Désignation	Emplois (FCFA)	Ressources (FCFA)	Observations

Valeur ajoutée brute moyenne annuelle		52 500	Solde du compte de production
Charges d'exploitation moyennes annuelles	360 000		Salaires, et diverses charges d'exploitation
Excédent brut d'exploitation moyen annuel	- **307 500**		
TOTAL	**52 500**	**52 500**	

Structure des revenus d'exploitation

	Revenu annuel moyen (FCFA)	Part dans le revenu annuel moyen	Revenu moyen annuel à l'hectare (FCFA)
Agriculture irriguée	770 150	100%	1 283 583
Revenu de l'élevage	0	%	
Total	**770 150**	**100%**	**1 283 583**

Répartition des dépenses moyennes annuelles

	Part dans les dépenses totales
Alimentation des membres de la famille	25%
Habillement des membres de la famille	10%
Cérémonies religieuses (baptêmes, mariages)	20%
Frais de santé	5%
Frais scolaires des enfants	5%
Investissements productifs dans la PI	20%
Investissements productifs dans l'élevage	10%
Zakat et autres dons	5%
Total	100%

Indicateurs clé de performance de l'exploitation agricole (cultures irriguées)

Indicateurs	Valeur	Observations sur modalités de calcul
Productivité moyenne des actifs	**381 078 francs CFA**	**VAB par hectare / nombre actifs familiaux ETP**

Taux de valeur ajoutée brute par hectare	**50,68%**	**VAB par hectare/CA par hectare**
Productivité moyenne du travail	**0 francs CFA**	**EBE par hectare/main d'œuvre utilisée par hectare**
Productivité moyenne du capital ou Taux de rentabilité interne	**0 %**	**EBE par hectare/coût total de production y compris la main d'œuvre familiale**

Présentation des performances économiques et financières

Comme à Timia Oasis, ce système de production génère des résultats agronomiques et économiques relativement médiocres malgré un taux de création de valeur ajoutée de plus de 50% et une productivité moyenne par actif de plus de 380 000 francs CFA/an/ha. L'usage d'un système d'exhaure/irrigation à forte consommation de carburant et le contexte d'enclavement du site de production ont grevé les charges d'exploitation et rendu l'EBE négatif.

Dans ce cas aussi, le chef d'exploitation est contraint de se contenter des revenus issus de sa force de travail. En fin d'année, le montant qui est partagé à parts égales entre les ouvriers agricoles et le chef d'exploitation s'élève à 977 000 FCFA, soit 488 500 francs CFA perçu par chacune des deux parties (le chef d'exploitation et les ouvriers agricoles) sur les deux campagnes réalisées par le chef d'exploitation.

Performances économiques et financières des systèmes de production :
Cas du type 5 à Toumga

Identification de l'exploitation

Site de la PI	**Toumga**
Type de système de production	Accès à la terre et au travail, et non accès au capital technique
Genre Chef d'exploitation/Activités	Femme/Cultures irriguées-Élevage-Commerce
Système de culture de la PI	Cultures maraichères et céréalières
Période des données	2018-2019
Nombre de campagne PI/an	3
Période de la PI	Toute l'année

Facteurs de production et actifs de l'exploitation

Terre	**Nombre**	**Superficie totale (ha)**	**Superficie exploitée cumulée annuelle (ha)**	**Valeur marchande au 31/12/2019 (francs CFA)**
Parcelle de la PI	1	1	3	1 500 000
Total	**1**	**1**	**3**	**1 500 000**

Equipement technique	**Nombre**	**Valeur marchande au 14/07/2020 (francs CFA)**	**Observations**
Motopompe	1	90 000	Achat
Pelle	1	3 000	
Pioche	1	3 000	
Tuyaux	6	40 000	

Greniers traditionnels	1	50 000	
Total	-	**186 000**	

Main d'œuvre	Nombre (H/J)	Coût salarial moyen annuel (francs CFA)	Nombre actifs ETP
Main d'œuvre familiale	1 030	1 080 000	1
Ouvriers agricoles	270	270 000	0,25
Total	1 350	**1 350 000**	1,25

Prestations de services reçues	**Nombre d'Hommes/jours**	**Coût unitaire moyen annuel (francs CFA)**	**Coût total moyen annuel (francs CFA)**
Total	**0**	**0**	**0**

Elevage	**Nombre de têtes détenues au 14/07/2020**	**Nombre de têtes vendues en moyenne au cours de la période 2018-2019**	**Nombre net de naissance annuelle au cours de la période 2018-2019**
Ovin	7	3	4
Caprin	4	3	2
Total	**11**	**6**	**6**

Autres revenus de l'exploitation	**Montant annuel moyen reçu (francs CFA) au cours de la période 2018-2019**
Vente d'animaux	50 000
Revenus du commerce	90 000
Total	**140 000**

Compte de production de la PI

Désignation	Emplois (FCFA)	Ressources (FCFA)	Observations
Chiffre d'affaires moyen annuel à l'hectare		725 000	Oignon, maïs, blé
Consommation intermédiaire moyenne annuelle par hectare	111 167		Semences, carburant, huile moteur, engrais chimiques, produits phytosanitaires,
Valeur ajoutée brute moyenne annuelle à l'hectare	**613 833**		
TOTAL	**725 000**	**725 000**	

Compte d'exploitation de la PI

Désignation	Emplois (FCFA)	Ressources (FCFA)	Observations
Valeur ajoutée brute moyenne annuelle à l'hectare		613 833	Solde du compte de production
Charges d'exploitation moyennes annuelles à l'hectare	495 000		Salaires et charges diverses d'exploitation
Excédent brut d'exploitation moyen annuel à l'hectare	**118 833**		
TOTAL	**613 833**	**613 833**	

Compte de production Elevage

Désignation	Emplois (FCFA)	Ressources (FCFA)	Observations
Chiffre d'affaires moyen annuel		140 000	Ovin, caprin
Consommation intermédiaire moyenne annuelle	105 500		Aliments bétails, autres matières consommées
Valeur ajoutée brute moyenne annuelle	**35 000**		
TOTAL	**140 000**	**140 000**	

Compte d'exploitation Elevage

Désignation	Emplois (FCFA)	Ressources (FCFA)	Observations
Valeur ajoutée brute moyenne annuelle		35 000	Solde du compte de production
Charges d'exploitation moyennes annuelles	120 000		Salaires, et diverses charges d'exploitation

Excédent brut d'exploitation moyen annuel	- 85 000		
TOTAL	35 000	35 000	

Structure des revenus d'exploitation

	Revenu annuel moyen (FCFA)	Part dans le revenu annuel moyen	Revenu moyen annuel à l'hectare (francs CFA)
Agriculture irriguée (VAB)	1 436 500	94,1%	478 833
Elevage	0	0%	0
Commerce	90 000	5,9%	-
Total	1 526 500	100%	478 833

Répartition des dépenses moyennes annuelles

	Part dans les dépenses totales
Alimentation des membres de la famille	60%
Habillement des membres de la famille	5%
Cérémonies religieuses (baptêmes, mariages)	10%
Frais de santé	5%
Frais scolaires des enfants	0%
Investissements productifs dans la PI	15%
Investissements productifs dans l'élevage	5%
Investissements productifs dans le commerce	0
Zakat et autres dons	0
Total	100%

Indicateurs clé de performance de l'exploitation agricole (cultures irriguées)

Indicateurs	Valeur	Observations sur modalités de calcul
Productivité moyenne des actifs	409 222 francs CFA	VAB par hectare / nombre actifs familiaux ETP
Taux de valeur ajoutée brute par hectare	85%	VAB par hectare/CA par hectare
Productivité moyenne du travail	88,02 francs CFA	EBE par hectare/main d'œuvre utilisée par hectare
Productivité moyenne du capital ou Taux de rentabilité interne	19%	EBE par hectare/coût total de production y compris la main d'œuvre familiale par hectare

Présentation des performances économiques et financières

Malgré un taux de création de valeur ajoutée élevé (85%) et une productivité moyenne du travail de 409 222 FCFA/actif, les résultats d'exploitation demeurent peu satisfaisants, même s'ils sont positifs. Les productivités moyennes du travail, du capital et de la terre sont faibles et ne permettent pas à la cheffe d'exploitation de poursuivre la mise en œuvre de ses activités sans recourir au crédit. Ce système de production repose sur de faibles capacités d'exploitation des ressources foncières disponibles, et se traduit par de faibles degrés d'intensification de la production, comme d'ailleurs sur la plupart des parcelles enquêtées sur les sites de Toumga, Téguert, et d'Intideynawen.

L'évaluation des performances économiques et financières du type de système de production le plus courant dans la région d'Agadez fait apparaitre un double constat :

- ✓ D'une part, ce système de production se caractérise par de faibles performances économiques et financières sur les quatre sites irrigués où il est fortement répandu. Les rendements agricoles sont très faibles sur ces sites irrigués en PI de telle sorte que la valeur ajoutée générée est insuffisante pour couvrir les charges d'exploitation. Sur la plupart de ses parcelles, le chef d'exploitation met en place un système d'exploitation qui lui permet de partager les coûts avec les ouvriers agricoles tout en produisant parallèlement des cultures destinées à la subsistance de sa famille. Malgré un excédent brut d'exploitation négatif, ce chef d'exploitation se retrouve à la fois avec des vivres pour la subsistance de sa famille et des revenus rémunérant sa force de travail. Ceci peut être vu comme un mécanisme de gestion financière qui permet au chef d'exploitation de disposer de la main d'œuvre pour laquelle il n'a pas à mobiliser des ressources financières au préalable, et surtout de partager à la fois les coûts et les risques de production.
- ✓ D'autre part, le contexte spécifique de la région d'Agadez est caractérisé par un enclavement des sites irrigués, et des modalités de commercialisation généralement en défaveur des producteurs. Ceci ne contribue pas au développement de ce système de production qui souffre d'une contrainte essentielle : les faibles capacités financières des chefs d'exploitation. Ceux-ci sont contraints de développer des mécanismes défavorables de financement des opérations productives, qui les maintiennent durablement dans ce système de production à faibles revenus. Le développement de l'arboriculture, qui est aussi une solution appliquée par les exploitants agricoles engagés dans la PI, procède d'une autre logique : elle favorise la réalisation d'investissements à faible volume financier, et permet un relèvement significatif de la rentabilité interne de l'exploitation agricole (cas du type 5 à Timia Oasis). De ce fait, l'arboriculture peut être vue comme un instrument de viabilisation des exploitations agricoles engagées dans la PI pour la plupart des chefs d'exploitation du massif de l'Aïr,

Performances économiques et financières des systèmes de production :
Cas du type 7 à Intideynawen

Identification de l'exploitation

Site de la PI	**Intideynawen**
Type de système de production	Non accès au capital financier/technique et au travail, accès à la terre.
Genre Chef d'exploitation/Activités	Femme/Cultures irriguées -Elevage-Artisanat
Système de culture de la PI	Cultures maraichères
Période des données	2018-2019
Nombre de campagne PI/an	2
Période de la PI	Octobre-janvier et juin-septembre

Facteurs de production et actifs de l'exploitation

Terre	**Nombre**	**Superficie totale (ha)**	**Superficie exploitée cumulée dans l'année (ha)**	**Valeur marchande au 12/07/2020 (francs CFA)**
Parcelle de la PI	1	1,5	1	2 500 000
Total		**1,5**	**1**	**2 500 000**

Equipement technique	**Nombre**	**Valeur marchande au 12/07/2020 (francs CFA)**	**Observations**
Pulvérisateur	1	10 000	Don d'un projet
Motopompe	1	100 000	Achat sur fonds propres
Pelle	1	4 000	
Tuyaux	3	11 000	
Total		**125 000**	

Main d'œuvre	Nombre (H/J)	Coût salarial moyen annuel (francs CFA)	Nombre actifs ETP
Main d'œuvre familiale	240	240 000	1
Ouvriers agricoles	0	0	0
Total	**240**	**240 000**	1

Prestations de services reçues	**Nombre d'Hommes/jours**	**Coût unitaire moyen annuel (francs CFA)**	**Coût total moyen annuel (francs CFA)**
Total	0	0	0

Elevage	**Nombre de têtes détenues au 12/07/2020**	**Nombre de têtes vendues en moyenne au cours de la période 2018-2019**	**Nombre net de naissance annuelle au cours de la période 2018-2019**
Ovin	8	3	3

Autres revenus de l'exploitation	**Montant annuel moyen reçu (francs CFA) au cours de la période 2018-2019**
Revenus de l'artisanat	10 000
Revenus de la vente d'animaux	120 000
Total	**130 000**

Compte de production de la PI

Désignation	Emplois (FCFA)	Ressources (FCFA)	Observations
Chiffre d'affaires moyen annuel à l'hectare		300 000	Oignon, tomate, piments
Consommation intermédiaire moyenne annuelle par hectare	224 583		Produits phyto, engrais chimiques, fumure organique, carburants, huile de moteur,
Valeur ajoutée brute moyenne annuelle à l'hectare	**75 417**		
TOTAL	**300 000**	**300 000**	

Compte d'exploitation de la PI

Désignation	Emplois (FCFA)	Ressources (FCFA)	Observations
Valeur ajoutée brute moyenne annuelle à l'hectare		75 417	Solde du compte de production
Charges d'exploitation moyennes annuelles à l'hectare	285 000		Salaires et diverses charges d'exploitation
Excédent brut d'exploitation moyen annuel à l'hectare	- **209 583**		
TOTAL	**75 417**	**75 417**	

Compte de production Elevage

Désignation	Emplois (FCFA)	Ressources (FCFA)	Observations
Chiffre d'affaires moyen annuel		150 000	Variation du stock de bétail entre 2018-2019

Consommation intermédiaire moyenne annuelle	95 000		Aliment bétail, eau, autres matières, services consommés
Valeur ajoutée brute moyenne annuelle	**55 000**		
TOTAL	**150 000**	**150 000**	

Compte d'exploitation Elevage

Désignation	Emplois (FCFA)	Ressources (FCFA)	Observations
VAB moyenne annuelle		55 000	Solde du compte de production
Charges d'exploitation moyennes annuelles	180 000		Rémunération du chef d'exploitation et de la MO familiale (femmes et enfants)
Excédent brut d'exploitation moyen annuel	- **125 000**		
TOTAL	**55 000**	**55 000**	

Structure des revenus d'exploitation

	Revenu annuel moyen (FCFA)	Part dans le revenu annuel moyen	Revenu moyen annuel à l'ha (FCFA)
Agriculture irriguée	60 833	86%	30 417
Elevage	-	-	-
Artisanat	10 000	14%	-
Total	70 833	100%	

Répartition des dépenses moyennes annuelles

	Part dans les dépenses totales

Alimentation des membres de la famille	50%
Habillement des membres de la famille	5%
Cérémonies religieuses (baptêmes, mariages)	7%
Frais de santé	5%
Frais scolaires des enfants	0%
Investissements productifs dans la PI	30%
Investissements productifs dans l'élevage	3%
Zakat et autres dons	0%
Total	100%

Indicateurs clé de performance de l'exploitation agricole (cultures irriguées)

Indicateurs	Valeur	Observations sur modalités de calcul
Productivité moyenne des actifs familiaux	75 417 francs CFA	VAB par hectare / nombre actifs familiaux ETP
Taux de valeur ajoutée brute par hectare	25%	VAB par hectare/CA par hectare
Productivité moyenne du travail	0 francs CFA	EBE par hectare/main d'œuvre utilisée par hectare
Productivité moyenne du capital ou Taux de rentabilité interne	- 40,34%	EBE par hectare/coût total de production y compris la main d'œuvre familiale par hectare

Présentation des performances économiques et financières

Sur le site d'Intideynawen, plusieurs femmes divorcées ou veuves, avec des enfants et des personnes âgées à charge, sont contraintes d'occuper les terres et de les exploiter afin de subvenir aux besoins de leurs familles. Des jeunes, souvent mineurs et issus de familles extrêmement vulnérables, deviennent par ailleurs des chefs d'exploitation disposant comme principales ressources de leur force de travail et de la parcelle qu'ils occupent. Ces exploitants agricoles sont contraints de sous-exploiter leurs terres. Ils ne disposent pas des ressources nécessaires pour une pleine exploitation de la parcelle. Dans ces conditions, les performances agronomiques, économiques, et financières demeurent médiocres. Pour pallier ces insuffisances, ces exploitants agricoles vulnérables n'ont pas d'autres choix que de faire appel à la solidarité des autres exploitants agricoles ou à la bienveillance d'un intermédiaire commercial qui, à terme, transforme celui-ci en un simple ouvrier agricole sur sa propre parcelle.

Le tableau 9 ci-après constitue une synthèse de l'évaluation des systèmes de production enquêtés dans la région d'Agadez :

(i) Deux types de système de production sur les cinq identifiés sont performants: le SP de type 1 à Tabelot et le SP de type 5 à Timia Oasis. Dans les deux cas, les chefs d'exploitation ont mis en œuvre un système de cultures de type arboriculture associée aux cultures céréalières et maraichères. Dans le cas du type 1 de Tabelot, ce système d'exploitation est axé sur l'usage du gaz domestique qui lui a permis de réaliser des économies importantes sur les coûts des opérations d'exhaure/irrigation. A Timia oasis, le chef d'exploitation a axé sa production sur l'intensification des cultures fruitières. Cela lui a permis de relever le niveau global des rendements agricoles, et ainsi d'améliorer significativement le taux de rentabilité interne de sone exploitation.

(ii) Dans cette région, tous les systèmes de production axés sur d'importantes contraintes d'accès au capital technique/financier s'avèrent économiquement non viables. Dans les régions de Tahoua et de Tillabéri, les contraintes d'accès au capital n'empêchent pas la réalisation d'un EBE élevé. Dans la région d'Agadez, l'accès au capital constitue un facteur incontournable pour la réalisation de résultats d'exploitation satisfaisants.

Tableau 9 : synthèse des performances économiques et financières des exploitations enquêtées

Type de système de production	**Site de la PI**	**Productivité moyenne des actifs (FCFA/actif/an)**	**Taux de valeur ajoutée brute par hectare (%)**	**Productivité moyenne du travail (FCFA/homme/jour)**	**Productivité moyenne du capital ou Taux de rentabilité interne (%)**
Type 1 : accès au capital, au travail et à la terre	Tabelot	376 732	87	30,57	3
Type 5 : accès au travail et à la terre, et non accès au capital financier/technique	Tabelot	77 890	17,78	0	0
	Timia Oasis	907 016,5	82,26	1182,9	11,29
	Téguert (Timia hors oasis)	381 078	50,68	0[1]	0
	Toumga	409 222	85	88,02	19
Type 6 : accès au travail, et non accès au capital technique/ financier et à la terre	Timia Oasis	106 442	42	0	0
Type 7 : accès à la terre, et non accès au capital technique/ financier et au travail	Intideynawen	75 417	25	0	0
Type 8 : non accès au capital technique/financier, au travail, et au capital	Téguert	97 917	40	0	0

(1) : les chiffres nuls indiquent un excédent brut d'exploitation négatif et par conséquent des productivités moyennes négatives

Les graphiques 3-6 ci-après permettent de compléter ces analyses comparatives des performances agronomiques, économiques, et financières des exploitations par la PI :

(i) Le niveau d'investissement et les dépenses effectives annuelles réalisées sur l'exploitation sont corrélés (Graphique 3). Ces dépenses comprennent les matières et services consommés (produits phytosanitaires, semences, engrais chimique, fumure organique, conditionnement de la récolte, transport des marchandises), et dans certains cas la main d'œuvre extérieure employée sous la forme de prestations de service. Les dépenses annuelles les plus importantes sont observées à Tabelot et à Timia, respectivement dans les SP de types 1 et 5. Les charges d'exploitation pour les activités de PI représentent la part la plus importante des charges globales d'exploitation (plus de 90% sur tous les sites de PI enquêtés).

(ii) Les exploitations qui ont la capacité à assumer des dépenses élevées génèrent les productivités de la terre les plus importantes. Ce sont les systèmes de production de types 1 et 5 qui obtiennent les productivités de la terre les plus élevées. Les exploitations dont les capacités financières sont faibles génèrent des rendements agricoles médiocres. Les parcelles exploitées en petite irrigation disposent de productivités de la terre supérieures à celles de l'ensemble des activités agrégées de l'exploitation. Les autres activités de l'exploitation sont généralement marginales dans la formation du revenu de l'exploitation (Graphique 4).

(iii) Les systèmes de production de types 1 et 5 obtiennent des productivités du capital et du travail satisfaisantes. A Toumga, le SP de type 5 enregistre une productivité du travail supérieure à celles des exploitations de Tabelot (Type 1) et de Timia Oasis (Type 5), et ce malgré des productivités de la terre relativement faibles. Cette exploitation enregistre également la productivité du capital la plus élevée de l'échantillon enquêté. Les bonnes performances du système de production de type 5 sur le site de Toumga s'expliquent par un double facteur :

✓ Une utilisation intensive du travail qui permet d'importantes économies sur la main d'œuvre employée (moins de 0,5 actif ETP/ha).

✓ Une orientation du système de culture vers la monoculture d'oignon sur trois campagnes dans l'année, qui permet au producteur de bénéficier de niveaux de prix élevés et d'intensifier la production des cultures de rente.

Dans la région d'Agadez, les externalités positives du capital technique/financier jouent un rôle déterminant dans les performances des systèmes de production. Ayant pris conscience de cette réalité caractéristique de la PI dans leur région, les exploitants agricoles ont développé des stratégies d'adaptation pour lever cette contrainte en capital : coopération avec les intermédiaires commerciaux, renforcement des organisations coopératives, partage des coûts et des risques avec les ouvriers agricoles, location des terres, etc.

Graphique 3 : charges annuelles (dépenses effectives en francs CFA) comparées entre les types de SP

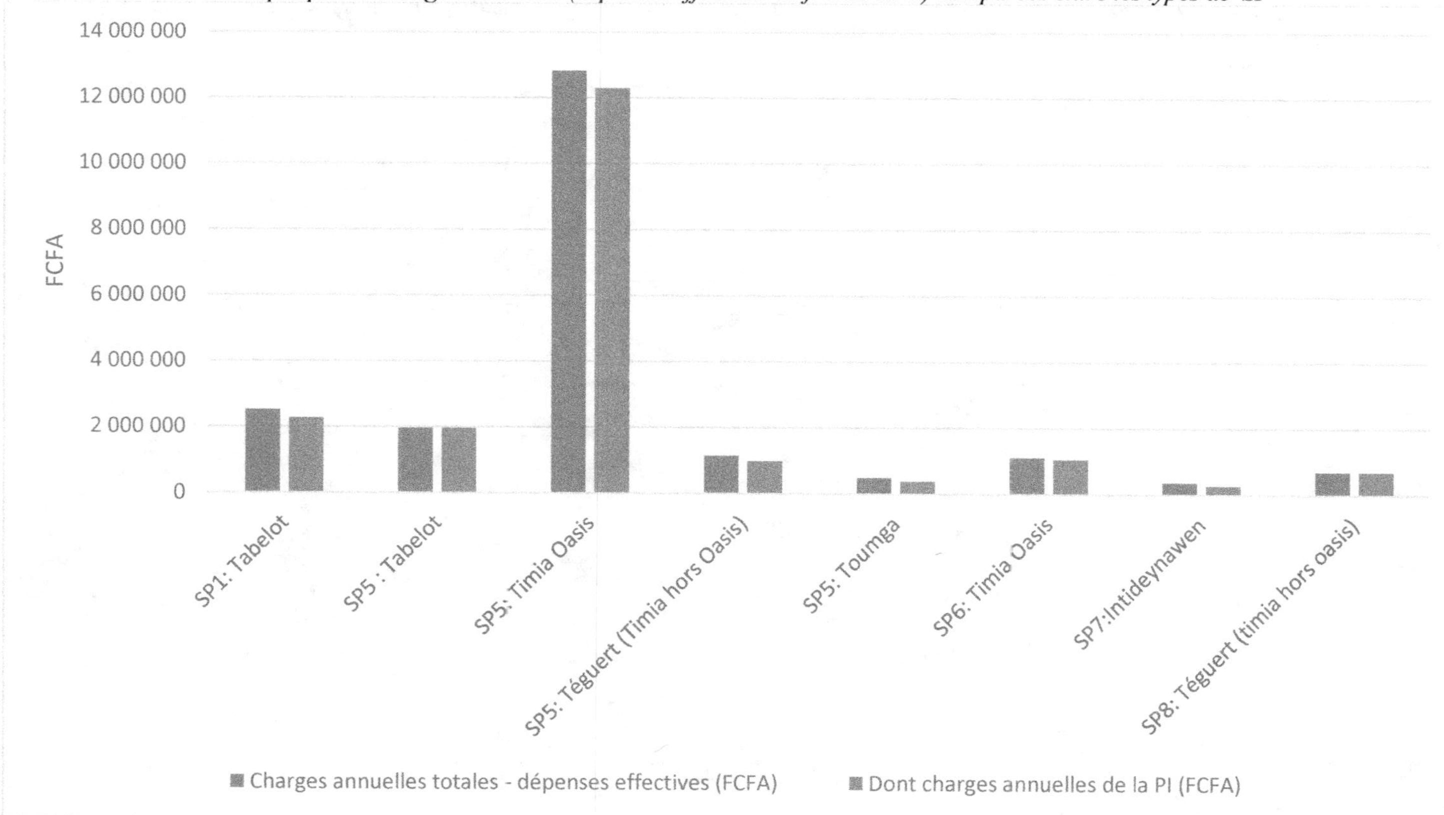

Graphique 4 : productivités de la terre (francs CFA/ha) comparées entre les types de SP

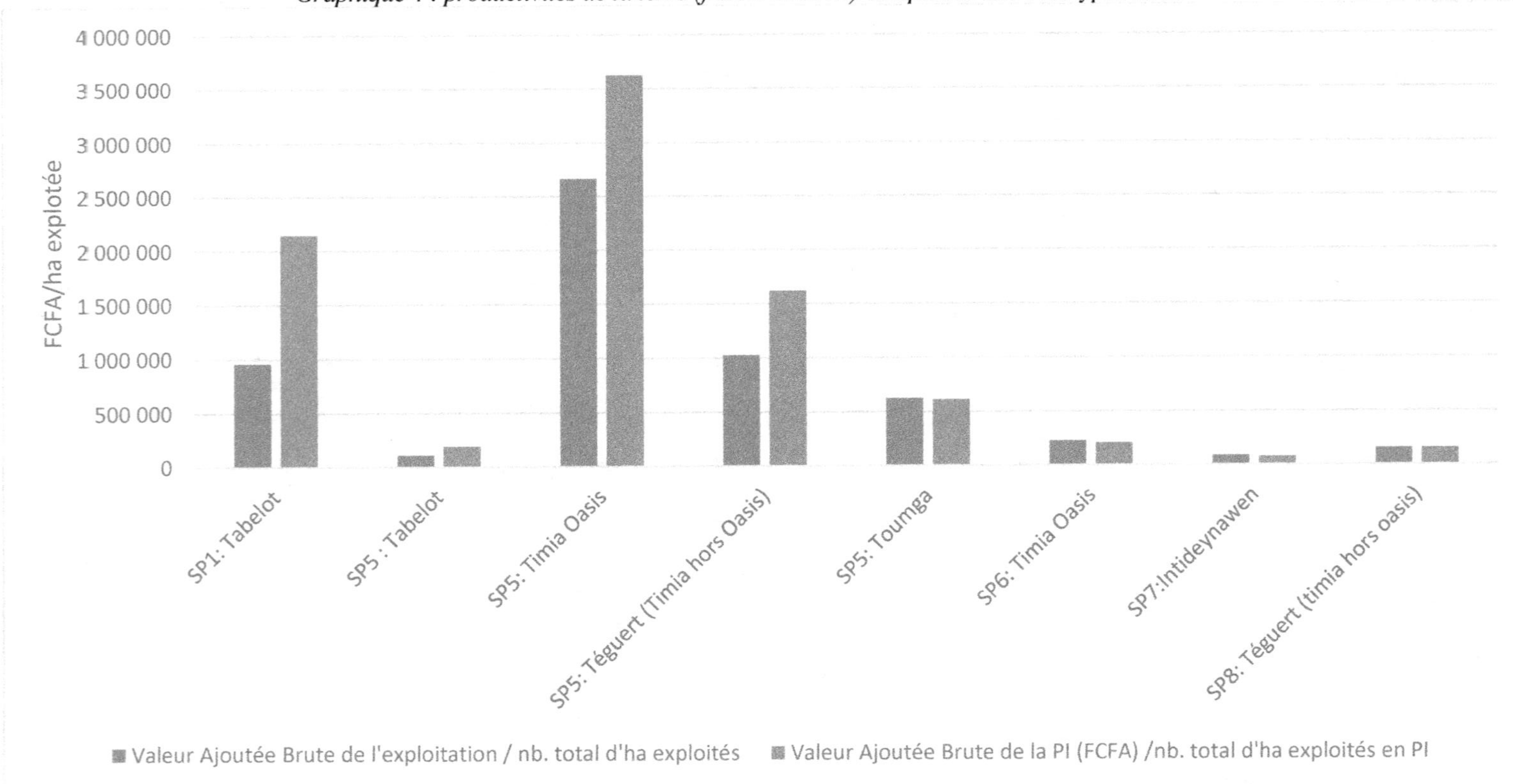

Graphique 5 : productivités du travail (francs CFA/actifs familiaux et francs CFA/nb. Total d'actifs) comparées entre les types de SP

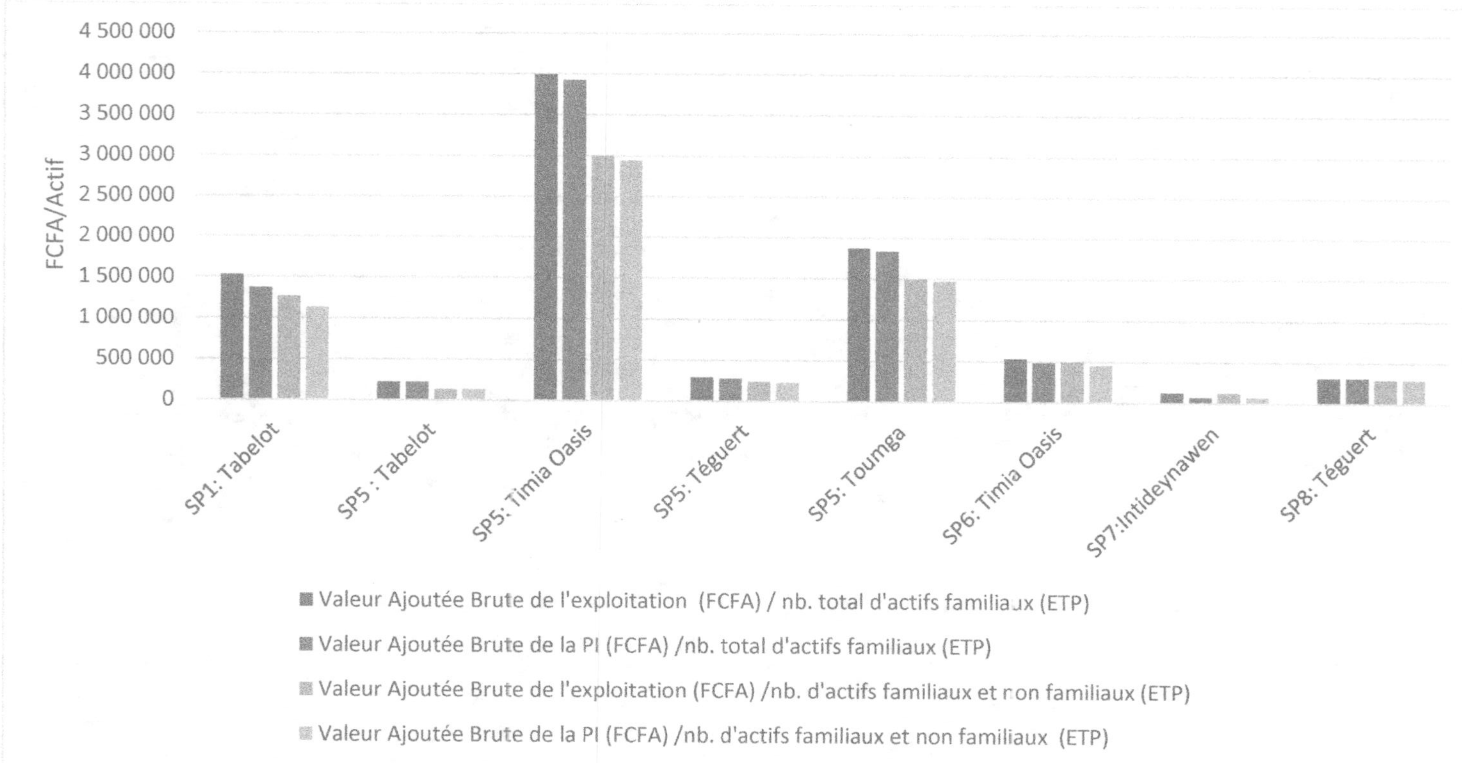

Graphique 6 : productivités du capital (francs CFA/francs CFA dépensé) comparées entre les types de SP

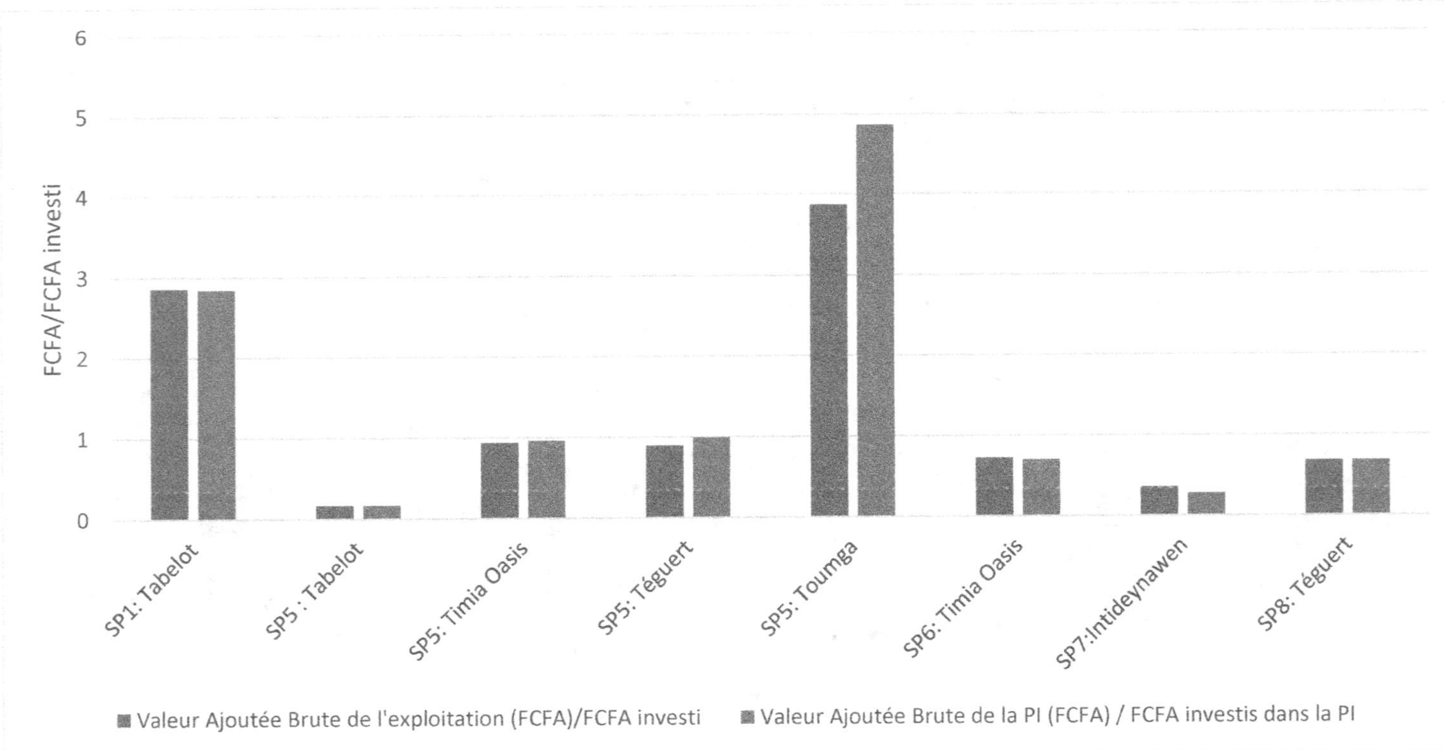
6
5
4
3
2
1
0
FCFA/FCFA investi
SP1: Tabelot
SP5 : Tabelot
SP5: Timia Oasis
SP5: Téguert
SP5: Toumga
SP6: Timia Oasis
SP7:Intideynawen
SP8: Téguert
Valeur Ajoutée Brute de l'exploitation (FCFA)/FCFA investi
Valeur Ajoutée Brute de la PI (FCFA) / FCFA investis dans la PI

D. Systèmes de cultures

Nous allons maintenant décrire les systèmes de culture identifiés sur les cinq sites agricoles de la PI sélectionnés. Rappelons que :

- ✓ Appliqué sur tout ou partie d'une parcelle de la PI, le système de culture se définit par *: **(i) la nature des cultures et leur ordre de succession et (ii) les itinéraires techniques appliqués à ces différentes cultures, ce qui inclut le choix des variétés.***
- ✓ Les réponses fournies dans le cadre de l'administration des questionnaires relatifs aux personnes-ressources et aux chefs d'exploitation ont permis de déterminer les principaux systèmes de culture présents sur chaque site agricole de la PI ;
- ✓ des enquêtes complémentaires auprès des producteurs ont contribué à valider la structure des systèmes de culture présents sur les sites de la PI.
- ✓ Lors de la mise en œuvre du questionnaire sur les systèmes de cultures, seules les parcelles de la PI concernées par les systèmes de culture identifiés ont été enquêtées en profondeur. Comme indiqué ci-dessus, trois systèmes de culture ont été enquêtés dans chaque site de la PI, totalisant 15 parcelles enquêtées dans la région d'Agadez.

D1. Typologie des systèmes de culture

L'enquête de terrain permet de différencier quatre grands types de systèmes de cultures irrigués sur les cinq sites enquêtés (tableau 10 ci-dessous) :

i. ***Le système de cultures de type maraîchage*** axé essentiellement sur la production de légumes (oignon, tomate, courge, poivron, piment, chou, laitue, principalement). Contrairement à la région de Tahoua, ce système de culture demeure le moins courant dans la région d'Agadez. Il n'est présent que sur les sites de Tabelot et d'Intideynawen. Il s'agit généralement d'un système de culture orienté exclusivement vers le marché.

ii. ***Le système de culture de type maraîchage associé aux cultures céréalières*** est courant sur les sites de Téguert (Timia hors oasis) et à Toumga. Dans cette région, les principales cultures céréalières sont le blé, l'orge, et le maïs. Autrefois, le mil était cultivé dans le massif de l'Aïr sur de grandes superficies ; mais depuis quelques années, les exploitants agricoles engagés dans la PI sur les sites enquêtés affirment avoir renoncé à cette culture céréalière en raison des attaques des oiseaux.

iii. ***Le système d'arboriculture pure*** que l'on retrouve sur tous les sites à l'exception de Toumga où l'arboriculture est toujours associée à d'autres types de culture. Ce système de culture connait un développement important sur les sites de Tabelot, de Téguert, et d'Intideynawen où plusieurs exploitants se spécialisent dans la production d'agrumes afin de viabiliser leurs exploitations agricoles.

iv. ***Le système de culture de type arboriculture associée au maraîchage et aux cultures céréalières,*** identifié sur tous les sites à l'exception de Téguert, qui constitue un site d'extension de la petite irrigation se spécialisant soit dans les cultures maraichères (associées ou non aux cultures céréalières) soit dans l'arboriculture pure. Ce système de culture est dominant dans l'Oasis de Timia où il a été adopté comme système de culture principal dans la palmeraie.

Tableau 10 : récapitulatif des systèmes de culture enquêtés sur les sites d'Agadez

Systèmes de culture	Tabelot	Timia Oasis	Téguert (Timia hors oasis)	Intideynawen	Toumga
Cultures maraichères	Oignon, poivron, tomate, niébé	Inexistant	Inexistant	Tomate, chou, pastèque, oignon, chou	Inexistant
Cultures maraichères + céréalières	Inexistant	Inexistant	Oignon, poivron, ail, blé, maïs, Ail, oignon, poivron, orge, mais,	Inexistant	Laitue, carotte, chou, tomate, oignon, pastèque, blé Oignon, poivron, carotte, courge, piment, tomate, blé, mais
Arboriculture pure	Oranger, citronnier, grenadine, goyavier. manguier, moringa	Oranger, dattier, grenadine, Raisin	Oranger, mandarinier, Tanjalo	Citronnier, oranger	Inexistant
Arboriculture + cultures maraichères et céréalières	Oignon, poivron, tomate, mais, blé, manguier, dattier, grenadine, citronnier, raisin	Grenadine, manguier, dattier, Oranger, pamplemoussier, maïs, blé, orge, tomate, chou, oignon, niébé, pastèque, pomme de terre, ail, citron, Oranger, grenadine, bananier, figuier	Inexistant	Poivron, tomate, pomme de terre, ail, oignon, mais, blé, oranger, goyavier	Oignon, moringa, pastèque, gombo, tomate, chou, blé, dattier

Source : base de données diagnostic des systèmes de culture/systèmes de production par la PI dans les zones d'intervention du PromAP.

D2. Caractéristiques des parcelles enquêtées et des exploitants agricoles

1. *Superficies exploitées*

Le graphique 7 ci-dessous montre que les systèmes de culture horticoles ne sont pas toujours appliqués sur l'ensemble de la parcelle de la PI : dans les systèmes de culture de type arboriculture pure, maraîchage pur, et maraîchage associé aux cultures céréalières, les superficies exploitées sont inférieures aux superficies totales sur tous les sites enquêtés. Par contre, dans le système d'arboriculture associée aux cultures céréalières et maraichères, les superficies exploitées sont en général égales aux superficies totales. Pour ce dernier type de système de culture, les superficies mises en valeur sont plus élevés et les capacités de production des exploitants agricoles sont en général supérieures à celles observées dans les autres systèmes de culture.

Graphique 7 : superficies totales et exploitées sur les parcelles de la PI par système de culture

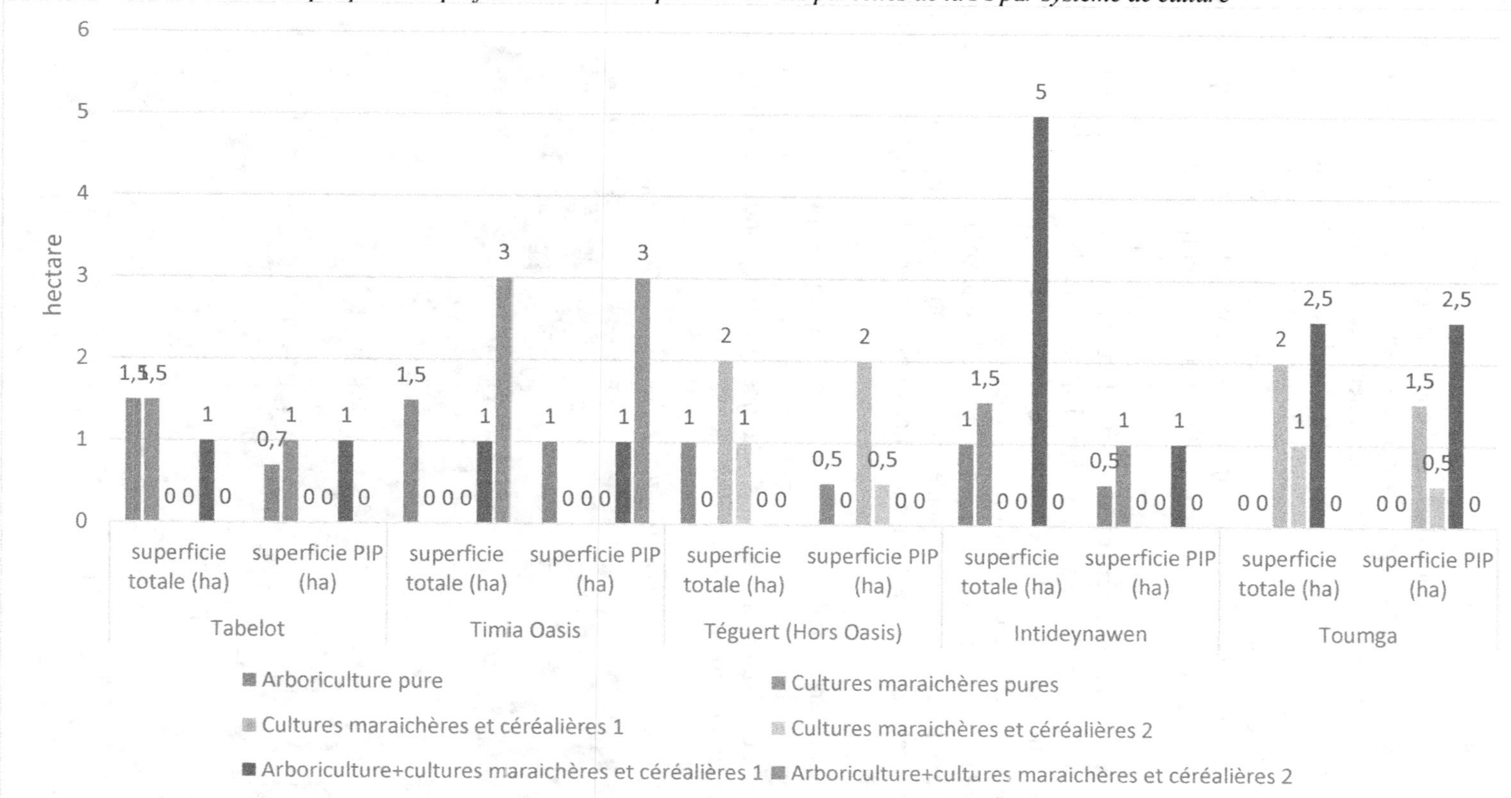

2. *Sols et aptitude culturale*

Dans la région d'Agadez, les sites de PI enquêtés sont installés sur les bords des koris dont les sols sont de type sablonneux ou sablo-limoneux. Sur certains sites tels que Toumga, les sols sont de type argileux recouverts de dépôts limoneux et de sable en surface sous l'effet de l'érosion hydrique et éolienne. L'épaisseur de ces couches de recouvrement varie en fonction du site. Selon les exploitants agricoles, le degré de fertilité des sols peut être considéré comme moyen. Par ailleurs, ils avancent que l'exploitation intensive des terres et l'application excessive d'engrais chimique ont réduit la fertilité des sols sur la plupart des sites enquêtés.

Dans cette région, la jachère est quasi-inexistante. Les stratégies dominantes de gestion de la fertilité des sols s'appuient essentiellement sur l'application d'engrais chimique associée à la fumure organique. De manière systématique, les exploitants agricoles renouvellent la fertilité des sols de leurs parcelles en épandant sur les planches à chaque saison de la « terre de vallée », considérée comme très fertile. Il s'agit de terres riches en matières organiques et minérales qui sont prélevées par camion entier dans des carrières souvent éloignées des sites de la PI.

La principale stratégie de fertilisation des parcelles de la petite irrigation réside d'une part dans la diversification des types de culture sur la majorité des parcelles exploitées, et d'autre part dans les rotations qui sont pratiquées principalement entre les cultures maraichères et céréalières.

Photo 6 : « sable de la vallée » dans une parcelle à Timia Oasis

3. Localisation des parcelles

A l'exception du village de Toumga qui est situé à proximité de la ville de Tchirozérine (Chef-lieu de département), tous les autres sites enquêtés sont enclavés et éloignés des principaux marchés de commercialisation des produits de la PI (Arlit, Agadez). Par contre, au sein de chacun des sites enquêtés, les parcelles sont établies à proximité des lieux d'habitation. A Timia Oasis, plusieurs exploitants agricoles exploitent des parcelles localisées sur le site de Téguert, à une quinzaine de kilomètres de l'oasis. Sur la plupart des sites, les producteurs mettent en valeur des terres de plus en plus éloignées des lieux d'habitation. La forte croissance démographique explique une extension rapide des sites de PI dans la région d'Agadez. Enfin, l'une des principales caractéristiques du massif de l'Aïr demeure encore l'absence de routes bitumées. Des pistes ont été tracées à travers les montagnes pour permettre aux camions de pouvoir traverser le massif montagneux. Pendant la saison pluvieuse, au mois d'août principalement, l'écoulement des koris ne permet pas aux camions d'évacuer les marchandises dans des délais raisonnables. Ce sont surtout les sites de Timia oasis et de Téguert qui deviennent difficilement accessibles au cours de cette période. En définitive, les camions tout terrain jouent un rôle essentiel dans le développement de la PI dans cette région. Comme indiqué dans les sections précédentes, l'un des rôles majeurs joué par les organisations de producteurs est d'assurer le transport des marchandises à des coûts compétitifs. Sur les sites de Tabelot et de Timia, des camions privés ou communautaires sont mobilisés toute l'année pour le transport des produits issus de la PI. Le développement des sites aurifères a contribué à renforcer le parc de camions dans ces deux villes. Les exploitants agricoles de Téguert font appel aux camions de Timia. A Intideynawen et à Toumga, ce sont des camionnettes qui sont chargées du transport des produits issus de la PI vers Agadez ou Arlit.

Photo 7 : piste dans le massif de l'Aïr dans la commune de Timia

4. *Statut foncier des parcelles enquêtées*

Concernant le statut foncier, trois modalités d'occupation des terres ont été identifiées sur les cinq sites :

✓ ***Propriétaire sans titre foncier*** sur la plupart des sites, mais principalement à Timia oasis, Téguert, et à Intideynawen. C'est la situation de la plupart des parcelles mises en valeur sur ces trois sites. Les terres mises en valeur sont généralement héritées (Timia Oasis). Elles peuvent être achetées notamment à Téguert, ou simplement occupées à Intideynawen et Téguert. Dans ces deux dernières localités, plusieurs femmes exploitent des parcelles héritées de leurs parents.

✓ ***Propriétaire avec titre foncier*** à Tabelot et à Toumga. Comme dans les autres régions enquêtées, les opérations de délivrance de titres fonciers ont été menées par les commissions foncières communales en partenariat avec les projets de développement (financement des activités) dont notamment le PromAP/GiZ et des communes (Tabelot et Tchirozérine) pour permettre le développement d'activités mises en œuvre par des programmes de développement (sécurisation des sites d'intervention). Dans cette région, la chefferie traditionnelle ne joue pas un rôle décisif dans la gestion des ressources foncières locales comme cela est le cas dans les régions de Tahoua et de Tillabéri.

✓ ***La location*** présente diverses modalités dont la plus courante consiste à louer sa parcelle à un bailleur de fonds (intermédiaire commercial) tout en continuant à travailler dessus, ce qui revient à devenir un simple ouvrier agricole sur sa propre parcelle. A travers ce contrat de location, le producteur obtient un triple revenu : (i) celui de la location de la terre, (ii) celui des produits agricoles destinés à l'auto-consommation qu'il est autorisé à produire, et (iii) éventuellement une partie du bénéfice généré. Tous les sites de la PI enquêtés présentent ce mode de mise en valeur des terres qui n'est nullement pris en compte par la plupart des projets/programmes de développement. Selon certains agents de projets interrogés, ces institutions ne veulent pas intervenir sur le terrain des rapports de forces entre les exploitants agricoles et leurs partenaires financiers.

5. *Nombre de campagnes agricoles par la PI*

Les enquêtes de terrain révèlent une uniformisation du nombre de campagne agricole dans l'année selon les systèmes de culture :

- ✓ Les sites visités dans la région d'Agadez ont comme particularité d'être aptes à produire toute l'année en mobilisant la PI, et principalement en hivernage. Un avantage important consiste à produire des cultures maraichères au moment où les exploitants agricoles ne sont pas en mesure d'exploiter leurs parcelles dans les régions plus au sud, soit parce que leurs parcelles sont inondées par les eaux de pluies et/ou soit parce qu'elles sont occupées par les cultures céréalières hivernales. Sur tous les sites de PI dans la région d'Agadez, les exploitants agricoles réalisent jusqu'à trois campagnes par an. La réalisation de trois campagnes s'observe essentiellement dans les systèmes de culture diversifiés (i.e. associant les cultures maraichères à l'arboriculture et/ou aux cultures céréalières).

- ✓ Dans le système de cultures maraichères pures, deux campagnes agricoles sont en général réalisées, principalement en hivernage puis en saison sèche et chaude. Ceci permet aux exploitants agricoles d'être les premiers vendeurs sur les marchés locaux et nationaux. Cette stratégie comporte un inconvénient majeur lié aux contraintes d'eau, qui apparaissent avec la baisse de la nappe d'eau en SSC.

L'exploitation intensive des ressources en eau a été rendue possible par une bonne recharge des nappes liée à la plus forte pluviométrie observée au cours de ces dernières décennies dans la région d'Agadez. Cependant, plusieurs exploitants agricoles ont été amenés à surcreuser les puits maraichers, qui atteignent des profondeurs supérieures à 20 m sur la plupart des sites, avec des contre puits souvent installés à plus de 10 m. Ceci rend l'utilisation de la motopompe dangereuse[24]. D'autres exploitants agricoles installent des forages peu profonds dans les lits mineurs des vallées.

6. *Caractéristiques des exploitants agricoles*

Enfin, les données collectées montrent que la PI est généralement mise en œuvre par des personnes âgées (plus de 50 ans). Les jeunes sont présents en nombre plus élevé en particulier sur les sites de Téguert, d'Intideynawen, et de Tabelot. Le maintien de ces personnes âgées sur les sites de la PI s'explique sans doute par la nature ancestrale de cette activité, considérée par la plupart des exploitants agricoles comme un héritage vital qui a permis d'assurer la résilience des communautés touaregs face à toutes les crises socio-politiques et économiques de ces derniers siècles. Comme souligné précédemment, l'enrichissement des intermédiaires commerciaux de Tabelot, et la découverte de l'or dans le massif de l'Aïr se sont traduits par l'engouement des jeunes pour cette activité devenue incontournable pour tous les investisseurs avertis. La crise libyenne et la situation sociale tendue en Algérie ont découragé les jeunes d'émigrer vers le nord, et donc suscité des vocations dans la PI auprès de la classe d'âge des moins de 35 ans. Ces jeunes sont en général scolarisés. Ils ont suivi des formations professionnelles sans jamais parvenir à s'insérer dans le système formel de création de valeurs. Selon ces derniers, la PI leur offre la possibilité de faire leurs preuves et de valoriser un savoir-faire local qu'ils se sont appropriés depuis leur plus jeune âge.

---

[24] Plusieurs accidents mortels d'explosion de bouteilles de gaz ou de motopompe ont été enregistrés à Intideynawen, Tabelot, et à Timia oasis.

D3. Logiques économiques des systèmes de culture et tendances aux changements

Les logiques économiques qui sous-tendent l'exploitation des parcelles en PI sont doubles. La commercialisation sur les marchés est simplement un moyen de mise en œuvre de celles-ci :

✓ ***La subsistance*** qui, selon les exploitants agricoles engagés dans la PI, peut être étendue à l'amélioration des conditions de vie de la famille, à l'adaptation aux conditions socio-économiques de vie, ou comme une simple opportunité de création de valeurs. Fondamentalement, la PI demeure un instrument d'adaptation aux transformations climatiques et structurelles dans le monde rural sur les cinq sites agricoles enquêtés. La PI elle s'inscrit d'abord à ce titre dans le contexte socio-économique de départ : production destinée à l'auto-consommation, troc dans certains villages, etc. Par la suite, la forte croissance démographique -qui s'est traduite par une hausse exponentielle de la demande de biens alimentaires- ainsi que la monétarisation progressive et généralisée du secteur rural ont poussé les exploitants agricoles à définir de nouveaux repères qui se sont incarnés dans la spécialisation dans les systèmes de culture et la marchéisation des systèmes de production. Il subsiste encore quelques productions maraichères orientées exclusivement vers l'autoconsommation, mais celles-ci peuvent être comprises comme un nouveau système d'organisation des productions mis en place en vue de satisfaire de manière efficace ses besoins alimentaires. L'exploitant agricole qui produit du blé et de l'orge en plus de l'oignon, de l'aïl, et du raisin sait très bien que ces céréales lui permettront de couvrir ses besoins alimentaires durant la période de soudure, à un coût qui est inférieur à celui qu'il aurait supporté s'il avait dû acheter des céréales sur les marchés locaux. L'exploitant agricole engagé dans la PI est passé d'un comportement adaptatif (mémoire sur le passé) à un comportement rationnel (utilisation de toutes les informations disponibles).

✓ ***L'accumulation de valeurs.*** Cette logique est présente et affirmée sur tous les sites enquêtés. On assiste à la mise en œuvre de véritables entreprises individuelles agricoles avec le recrutement d'ouvriers, l'utilisation de ressources financières importantes, et une commercialisation en gros des produits. Dans cette région, même les petits producteurs aspirent à vendre leurs biens agricoles aux importateurs. La spécialisation à l'export constitue le déterminant essentiel des systèmes de production et de culture. Lorsque l'on regarde de plus près les dynamiques locales de production agricole, on se rend compte que le sous-secteur de la PI reste dominé, sur chacun des sites agricoles, par quelques grands exploitants agricoles qui contrôlent toutes les étapes de la production, de la commercialisation des biens, et de la répartition des revenus. Sur certains sites, notamment à Tabelot et à Timia oasis, ces grands exploitants disposent du pouvoir local (traditionnel et communal). La PI demeure au cœur du contrôle du pouvoir local sur chacun des sites de PI enquêtés. L'appropriation des moyens d'exploitation par la PI constitue un enjeu majeur dans le processus d'accumulation du capital.

Concernant l'évolution de la fertilité des sols, les producteurs perçoivent une diminution de la fertilité des sols sur les sites enquêtés au cours des deux dernières années (2018-2019). Cette tendance est particulièrement mise en avant par les producteurs sur les sites de Timia oasis, Tabelot et Toumga.

En définitive, il n'y a guère de changements significatifs dans le statut foncier et les superficies des parcelles à court terme. A moyen et long terme, tous les sites enquêtés risquent d'être confrontés à une baisse du niveau de la nappe d'eau, obligeant plusieurs producteurs à se déplacer vers de nouveaux sites, si les tendances actuelles en matière d'occupation des terres se maintiennent. A Intideynawen, le chef de village a expliqué que plusieurs exploitants agricoles ont abandonné leurs parcelles irriguées en raison du tarissement de leurs puits maraichers.

D4. Itinéraires techniques et pratiques culturales des systèmes de culture

La description des itinéraires techniques suivis est essentielle à la caractérisation du système de culture. L'itinéraire technique comprend toutes les étapes de mise en œuvre d'une culture c'est-à-dire de la préparation du sol aux travaux post récolte. Les itinéraires techniques doivent être évalués à la fois par site de PI, par type de système de culture, et par culture. Cependant, certaines étapes des itinéraires techniques sont réalisées soit en une fois sur toute la parcelle, soit de manière simultanée pour un groupe de cultures sur les cinq sites enquêtés. Nous avons considéré sept chantiers distincts pour caractériser les itinéraires techniques sur les cinq sites de la PI enquêtés (schéma 3 ci-dessous) :

- (i) Le travail du sol
- (ii) Les pratiques de semis, incluant les choix variétaux
- (iii) Les pratiques de gestion de l'eau
- (iv) La gestion de la fertilité des sols
- (v) La gestion des adventices
- (vi) La gestion des ravageurs
- (vii) La gestion de la récolte et des travaux post récolte

Schéma 3 : Itinéraires techniques dans les systèmes de culture

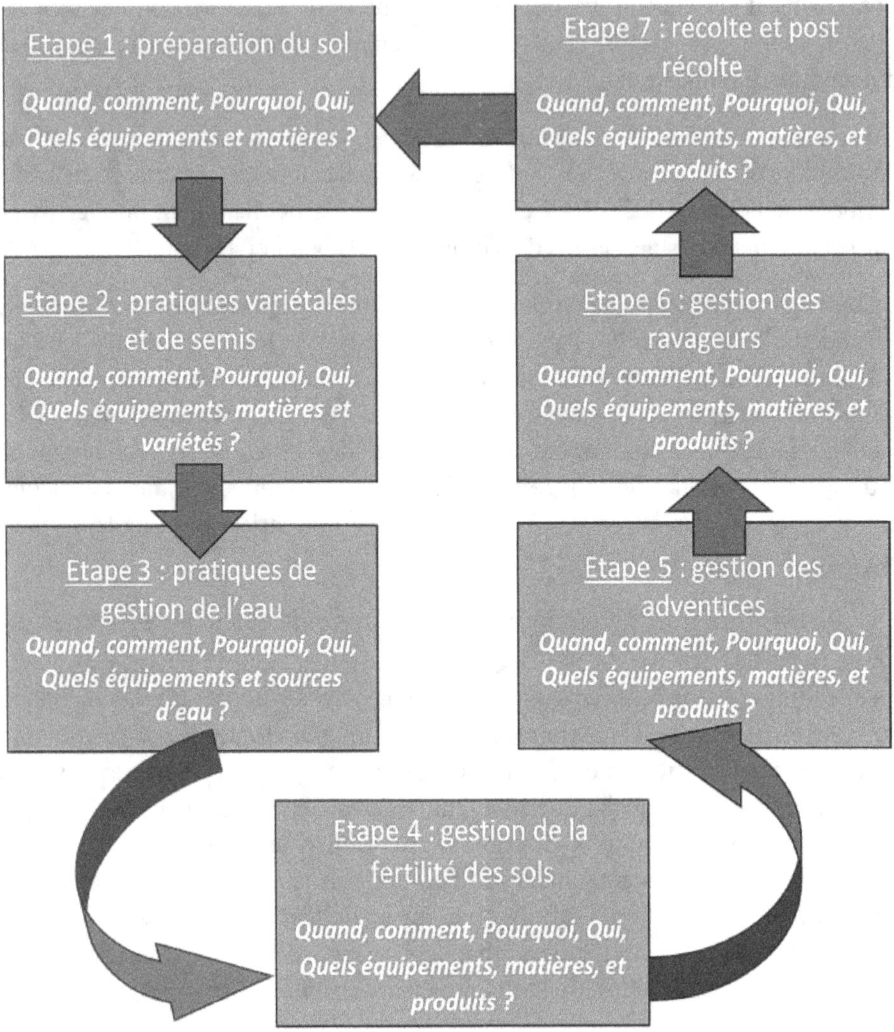

1. Travail du sol

Comme dans les autres régions du Niger, les travaux de préparation du sol sont réalisés en général sur toute la parcelle et dépendent de la nature des systèmes de culture appliqués :

(i) Dans le ***système de cultures maraichères pures***, les travaux du sol concernent essentiellement le labour accompagné de la confection de planches. Les équipements utilisés sont les suivants : daba, houe, pelle, et râteau. L'utilisation du tracteur pour le labour, observée principalement à Tabelot et Intideynawen, est répandue dans la région d'Agadez. Le recours à la charrue bovine ou asine est inexistant dans les principaux bassins de production des cultures maraichères. L'application de fumure de fond et l'enfouissement de résidus agricoles sont systématiques sur les deux sites concernés par ce type de système de culture. Dans ce système de culture, la main d'œuvre nécessaire à la préparation d'un hectare de terre est estimée à 8 HJ si tous les travaux sont réalisés manuellement. Ce nombre moyen d'homme/jours varie en fonction de la nature des sols (sol sablonneux, rocailleux, etc.) et de la structure des travaux à réaliser (épandage de la fumure organique, enfouissement des résidus agricoles, etc.). Sur les deux sites enquêtés avec ce type de système de culture, seule la main d'œuvre familiale est mobilisée pour réaliser ces travaux.

Photo 8 : planche sur une parcelle de la PI sur le site de Téguert

(ii) Pour le ***système de cultures maraichères associées aux cultures céréalières***, il n'y a guère de différences significatives avec le système de cultures maraichères pures pour ce qui concerne le travail du sol. Le maïs, le blé et l'orge constituent les principales cultures céréalières associées aux légumes. Ils sont cultivés sur des planches spécifiques (Toumga et Téguert). La taille des planches n'est pas modifiée, et les travaux sont réalisés par la main d'œuvre familiale associée dans de rares cas à des ouvriers agricoles (Toumga). Sur certaines parcelles, le maïs est cultivé sur les bords des planches réservées aux cultures de légumes. L'utilisation du tracteur dans ce système de culture est fréquente, en particulier à Toumga. La confection de planches est réalisée à la main, avec une daba à manche longue, un râteau, et dans certains cas une pioche. C'est le tractoriste qui, après avoir labouré la parcelle avec le tracteur, trace les planches à la main avec le soutien d'ouvriers agricoles qu'il recrute dans le cadre de prestations de services conclues avec le chef d'exploitation.

(iii) Dans le ***système d'arboriculture pure***, la préparation du sol comporte le défrichage et le creusement de trous destinés à recevoir les plants. Sur toutes les parcelles enquêtées, les exploitants agricoles introduisent de la fumure organique et des résidus agricoles dans des trous placés en quinconce ou en ligne pour fertiliser le sol. Les écartements entre les plants d'arbres fruitiers varient d'une parcelle à une autre et d'un site de la PI à l'autre. Les écartements sont souvent faibles (moins de 5 mètres), entraînant la création d'une forte densité d'arbres fruitiers sur la parcelle. Les temps de préparation du sol sont faibles, au plus 1 HJ pour la plantation de 100 arbres fruitiers. L'équipement employé se limite à du petit matériel agricole (daba, houe, pioche, coupe-coupe). Les travaux sont réalisés manuellement et sont exécutés par la main d'œuvre familiale sur les trois sites irrigués enquêtés qui sont concernés par ce type de système de culture.

Photo 9 : plantation d'arbres fruitiers sur le site d'Intideynawen

(iv) Enfin, dans le ***système de culture de type arboriculture associée aux cultures maraichères et céréalières,*** toutes les pratiques de préparation du sol, décrites ci-dessus, se retrouvent combinées pour permettre à l'exploitant agricole de réaliser ses campagnes agricoles de manière efficace. Dans ce type de système de culture, la densité des arbres fruitiers est moins forte et les cultures maraichères sont diversifiées pour permettre une occupation intensive de la parcelle. L'arboriculture associée aux cultures maraichères et céréalières telle que pratiquée dans les oasis du massif de l'Aïr exige plus d'efforts pour la préparation du sol. Les exploitants agricoles sont contraints de recruter des ouvriers agricoles au cours de cette période sous la forme de contrat de prestation de services.

Photo 10 : parcelle de la PI sur le site de Tabelot

En définitive, deux remarques peuvent être faites :

- ✓ Sur l'ensemble des sites enquêtés, les chefs d'exploitation ont recours à des membres de la famille et/ou à des ouvriers agricoles qui maitrisent parfaitement les pratiques de préparation des sols. L'utilisation du tracteur permet d'une part de retourner le sol en profondeur afin de mieux appliquer les résidus et la fumure, et d'autre part de réduire les coûts de préparation de sol. Après le labour et la confection des planches, les chefs d'exploitation appliquent la « terre de vallée » dans les planches.
- ✓ Contrairement aux autres régions enquêtées, il y a très peu de différences dans les pratiques de préparation des sols. Les dimensions des planches, la densité des arbres fruitiers, et les systèmes de rotation d'une saison à une autre sont quasi-identiques sur tous les sites enquêtés. Ceci peut sans doute s'expliquer par le fait que les parcelles irriguées en PI disposent des mêmes types de sol, exploitent des ressources en eau de même type, et procèdent à l'exhaure/irrigation de la même façon.

2. *Pratiques de semis, incluant les choix variétaux*

Choix variétaux

Comme dans les autres régions enquêtées, la plupart des exploitants agricoles interrogés effectuent leurs choix de variétés / cultures avant le lancement de la campagne agricole. Dans la région d'Agadez, les exploitants réalisent les mêmes choix depuis plusieurs décennies. Plusieurs facteurs participent à ces choix : la disponibilité locale en semences et plants, l'adaptation de ceux-ci au contexte local biophysique et socio-économique, leurs prix, leurs rendements potentiels, la rentabilité économique et financière générée, etc. Sur tous les sites enquêtés, plusieurs exploitants agricoles ont acquis la capacité de produire des semences/plants qu'ils mettent à la disposition d'autres exploitants. Ceci contribue à améliorer l'accès des producteurs à du matériel végétal adapté aux conditions biophysiques des sites de la PI. Les producteurs agricoles ont développé sur chaque site enquêté des pratiques variétales fondées sur leurs propres savoir-faire, leurs capacités techniques et financières à accéder aux semences/plants, et les systèmes de culture qui y sont pratiqués. Dans la région d'Agadez, les producteurs ont bénéficié d'appuis techniques et en semences de la part des projets/programmes de développement, incluant le PromAP/GIZ au cours de ses phases antérieures.

En ce qui concerne la provenance des semences, les principaux résultats peuvent être présentés par catégorie de cultures :

(i) Au niveau des cultures maraichères, les semences locales sont privilégiées sur la plupart des sites enquêtés. Elles sont produites dans des pépinières paysannes par des exploitants agricoles généralement formés aux techniques de production semencière. Concernant l'oignon qui constitue la principale culture de rente dans cette région, la production et la commercialisation de semences sont devenues courantes sur l'ensemble des sites enquêtés. Des semences importées sont utilisées sur quelques cultures spécifiques : poivron, chou, laitue, et carotte. Dans le cas de la pastèque, les semences maraichères importées proviennent d'Algérie. Des tentatives de mise au point de semences améliorées locales de ces cultures sont réalisées sur certains sites enquêtés (notamment à Tabelot et à Timia oasis). Les semences importées sont en général achetées sur les marchés hebdomadaires locaux et auprès des institutions de distribution de semences à Arlit et à Agadez. Enfin, les variétés de culture choisies par les exploitants agricoles par la PI dans la région d'Agadez sont identiques à celles identifiées dans les régions de Tahoua et de Tillabéri[25].

(ii) Les semences utilisées pour les cultures céréalières (blé, orge, maïs, mil) sont d'origine locales. Elles sont soient achetées sur les marchés

[25] Voir les résultats du diagnostic agricole dans les régions de Tahoua et de Tillabéri

hebdomadaires de la région, soient sélectionnées par les exploitants agricoles engagés dans la PI à partir de leurs productions respectives. Il s'agit en général de semences traditionnelles sélectionnées par les producteurs locaux sur leurs parcelles.

(iii) Enfin, dans l'arboriculture, les principaux fournisseurs sont les instituts de recherche (ICRISAT principalement), les projets/programmes de développement et les ONG de développement. Certains des plants sont importés depuis l'Algérie et la France. De plus en plus, certains exploitants agricoles engagés dans la PI commencent à produire des plants d'arbres fruitiers et se forment aux techniques de greffage, en particulier sur les sites de Tabelot et de Timia oasis. Les voyages d'échanges internationaux, notamment ceux menés avec les pays européens, se sont traduits par une diversification des arbres fruitiers dans les parcelles irriguées jadis peuplées exclusivement de dattiers.

La majorité des producteurs ignorent les caractéristiques techniques des semences/plants qu'ils choisissent de cultiver sur leurs parcelles. Comme dans les autres régions enquêtées, les producteurs interrogés ne font pas la différence entre les types de semences/plants utilisables (stériles, hybrides, traitées). En l'absence de formation professionnelle, ils n'exploitent pas les informations contenues dans les notices explicatives placées sur les emballages. Malgré cette méconnaissance de la qualité de ces semences, ceux-ci affirment que leurs choix sont motivés essentiellement par les niveaux élevés de productivité/rendement que celles-ci permettent d'atteindre. De même, ils indiquent sélectionner ces semences pour s'adapter d'une part au goût des consommateurs (Tabelot, Téguert), et d'autre part aux conditions biophysiques de production.

Deux principales contraintes à l'accès aux semences sont avancées par les exploitants agricoles interrogés :

✓ ***Le prix élevés des semences***. Malgré la forte implication des coopératives maraichères dans la commercialisation des semences, les producteurs considèrent que les semences sont chères, obligeant parfois à s'endetter auprès des commerçants pour acquérir des semences. Certains producteurs indiquent qu'ils préfèrent acheter les planches de pépinière dont les prix sont relativement faibles.

✓ ***L'indisponibilité des semences/plants***. Malgré la création de plusieurs institutions de distribution d'intrants agricoles et leur installation dans les chefs-lieux de région, les producteurs engagés dans la PI affirment être confronté au manque de semences sur les marchés locaux à chaque campagne agricole. Sur tous les sites enquêtés, ils sont contraints soit de se déplacer à Agadez ou à Arlit pour acheter les semences/plants dont ils ont besoin, soit de lancer des commandes de semences auprès de commerçants et/ou d'instituts de recherche présents à Niamey. Selon ces producteurs agricoles,

les stocks disponibles au niveau des unions de coopératives demeurent insuffisants pour satisfaire les besoins des producteurs.

Pratiques de semis/plantation

Les pratiques de semis et de plantation dans la région d'Agadez ne sont pas différentes de celles décrites dans les régions de Tillabéri et de Tahoua. Elles dépendent de la nature des cultures/plants et du type de système de culture. Trois types de pratiques de semis sont observés pour les cultures maraichères et céréalières :

- ✓ Semis direct sans repiquage (maïs, mil, etc.). A Téguert, un exploitant agricole a innové dans ses pratiques de semis du maïs. Il le sème à sec après avoir humidifié les semences pendant 8 heures. Selon ce producteur, il obtient ainsi des taux de germination de 100% et des rendements qui sont supérieurs à ceux des autres exploitants du site de PI. En général, le maïs est semé en ligne ou en quiconque.
- ✓ Semis en pépinière puis repiquage sur les planches (laitue, chou, tomate, oignon, poivron, piment). Dans ces cas, les semis de la pépinière sont réalisés à la volée. Les jeunes plants issus de la pépinière sont ensuite repiqués en ligne ou en quinconce sur les planches. Le semis et le repiquage sont effectués à la main. Dans certains cas, les producteurs s'aident de bouts de bois, d'une binette, de coupe-coupe, etc.
- ✓ Prégermination avant plantation (pomme de terre).

Dans les systèmes d'arboriculture (pure ou associée), il n'existe pas de différences significatives de profondeur des trous de plantation entre les sites de la PI dans la région d'Agadez. Les plants d'arbres fruitiers sont mis en terre dans des trous de profondeur moyenne. Sur la plupart des parcelles irriguées en PI, les jeunes plants d'arbres fruitiers sont directement reliés au réseau de rigoles d'irrigation, permettant ainsi d'assurer l'arrosage des arbres en même temps que celui des cultures maraichères et céréalières. Comme dans les autres régions du Niger, les exploitants agricoles utilisent des ombrières pour protéger les pépinières de légumes (accélération de la germination en saison sèche et froide, protection des semis contre les insectes). A cette étape de l'itinéraire technique, les exploitants agricoles mobilisent essentiellement la main d'œuvre familiale. C'est seulement pour les cultures de rente (oignon en particulier) que les chefs d'exploitation font appel à des ouvriers agricoles spécialisés pour réaliser les semis sur les parcelles de tous les sites irrigués enquêtés. Dans le système d'arboriculture, c'est le chef d'exploitation qui assure la plantation des arbres fruitiers, en recourant le cas échéant à de la main d'œuvre familiale. Enfin, les superficies semées varient selon le site irrigué et les types de culture :

- ✓ Dans les **systèmes de cultures maraichères**, les superficies exploitées par campagne agricole sont en moyenne égales à 1 hectare sur les sites de Tabelot et d'Intideynawen. Les quantités de semence utilisées varient en fonction de la superficie exploitée et de la nature des cultures. Pour l'oignon, les quantités de semences utilisées sur les parcelles irriguées sont en moyenne égales à 11 kg/ha. Certains exploitants agricoles constituent des pépinières en vue de leur commercialisation avant le repiquage. Notons toutefois que les quantités de semences utilisées à l'hectare sont soit surestimées ou sous-estimées par les exploitants agricoles. Pour la tomate, par exemple, les exploitants agricoles d'Intideynawen indiquent utiliser plus de 12 kg de semences à l'hectare. Sur tous les sites enquêtés, les quantités de semences employées sont en général supérieures aux quantités optimales qui sont de l'ordre de 30 kg/ha pour l'aubergine, 250 g/ha pour la tomate et 2 kg/ha pour le poivron.

- ✓ Pour les autres légumes (laitue, chou, piment), les quantités employées à l'hectare dépassent souvent 500 g/ha en fonction des variétés de semences adoptées.

- ✓ Au niveau des **céréales**, les superficies varient selon les types de semis réalisés sur les parcelles et surtout selon la nature des cultures. Dans le cas du maïs, le nombre de pieds à l'hectare -et donc la quantité de semences à l'hectare- est plus faible lorsqu'il est semé sur les bordures des planches de légumes. Les superficies moyennes emblavées ne dépassent pas 0,5 ha par parcelle. Pour le blé, l'orge, et le mil, les superficies cultivées dépendent de la taille des parcelles. Sur les petites parcelles de l'oasis de Timia, ces superficies semées ne dépassent pas 0,05 ha. Les parcelles situées aux extrémités de l'Oasis peuvent en revanche atteindre 1 ha. Sur les sites de Téguert, d'Intideynawen, et de Toumga, les superficies dédiées aux cultures céréalières ne dépassent pas la moitié de la superficie totale, et dépendent des capacités financières du chef d'exploitation. Les chefs d'exploitation vulnérables ont paradoxalement tendance à cultiver moins de cultures céréalières et à se concentrer sur les cultures de rente. Dans le massif de l'Aïr, les cultures céréalières s'inscrivent dans le cadre de la perpétuation d'une tradition alimentaire qui tend toutefois à disparaitre dans les oasis.

- ✓ Les parcelles contenant des **arbres fruitiers** sont en général de petite taille (moins d'un hectare). La densité des arbres fruitiers est plus élevée et les espèces sont plus diversifiées que dans les autres régions. A Tabelot, des parcelles de moins d'un hectare (près de 0,5 ha) avec plus de 300 pieds d'arbres fruitiers ont été identifiées. A Intideynawen, certaines parcelles ont une densité de 426 pieds d'arbres fruitiers par hectare. En général, il s'agit de nouvelles exploitations qui ont été créées uniquement pour le développement de la culture fruitière.

Plusieurs contraintes dans la gestion des semis ont été mentionnées par les exploitants agricoles :

- ✓ De manière générale, les exploitants agricoles sur les sites enquêtés indiquent que les prix des semences sont élevés et que ces dernières sont indisponibles sur les marchés locaux. A cette double contrainte s'ajoute, selon ceux-ci, des faibles capacités financières en début de saison. La lutte pour l'accès aux facteurs de production dans la PI entraîne dans la région d'Agadez la dépendance à des intermédiaires commerciaux pénalisant la part de valeur ajoutée captée.
- ✓ Dans le système de cultures maraichères, les exploitants agricoles se plaignent des attaques de chenilles et d'insectes sur les pépinières. Ils soulignent un développement d'insectes ravageurs qui s'attaquent à toutes les cultures

Photo 11 : travaux de semis sur une parcelle de la PI à Tabelot

3. *Les pratiques de gestion de l'eau*

Les pratiques de gestion de l'eau sont définies par l'ensemble des activités consistant à planifier, développer, distribuer et gérer l'utilisation efficace et la répartition optimale des ressources en eau en vue de l'exploitation des parcelles irriguées en PI, à la fois des points de vue qualitatif et quantitatif. Ces pratiques dépendent de manière cruciale de la nature des ressources en eau disponibles sur le site irrigué, des capacités techniques et financières des exploitants agricoles, et des systèmes de culture mis en œuvre sur les parcelles. Elles sont constituées de (i) l'exhaure et/ou la collecte/retenue d'eau, et (ii) l'irrigation.

Comme dans les régions de Tillabéri et de Tahoua, la pratique courante de gestion de l'eau dans la région d'Agadez consiste en la combinaison ou la réalisation simultanée des activités d'exhaure et d'irrigation à l'aide d'une motopompe reliée à des tuyaux d'irrigation, lesquels sont organisés dans certains cas sous la forme d'un réseau californien.

Sur les cinq sites enquêtés dans la région d'Agadez, les pratiques traditionnelles d'exhaure/irrigation ont totalement disparu au profit de systèmes innovants axés sur des équipements modernes (forages, motopompes, tuyaux en PVC, bassins ou château d'eau, pompes solaires) qui permettent aux exploitants agricoles d'accéder en toute saison aux sources d'eau et d'irriguer leurs parcelles avec efficacité.

Sur tous les sites enquêtés, l'usage du gaz domestique dans le fonctionnement des motopompes s'est progressivement imposé malgré quelques réticences observées notamment à Timia oasis, où certains exploitants agricoles affirment que ce combustible a eu des impacts négatifs sur leurs rendements agricoles à travers le fort débit d'eau qu'il génère.

Contraintes perçues dans la mise en œuvre des pratiques de gestion de l'eau

Quatre principales contraintes sont relevées par les producteurs :

- ✓ Les prix élevés des motopompes et des tuyaux qui demeurent hors de portée des producteurs selon la majorité des exploitants agricoles interrogés. Certains projets/programmes ont fourni dans le passé des équipements à crédit ou sous forme de subvention. Cependant, l'offre d'équipements subventionnés demeure insuffisante face aux besoins de milliers d'exploitants agricoles vulnérables. Comme expliqué précédemment, la plupart de ces producteurs ont financé l'accès l'eau par des intermédiaires commerciaux qui assurent la gestion des revenus de l'exploitation agricole en contrepartie des investissements consentis.
- ✓ Le prix élevé de l'essence/huile de moteur et leur disponibilité sur les sites de production. Malgré la présence de l'essence de la Libye introduite frauduleusement dans la région, les prix du carburant sont chers du point de vue des producteurs (tonneau de 200 litres à 100 000 francs CFA soit 500 francs CFA/litre). Ces contraintes ont conduit les exploitants agricoles à adopter le gaz domestique dans le fonctionnement des motopompes. Cette innovation technique s'est généralisée dans la région d'Agadez sur tous les sites de la PI enquêtés. Elle a permis de réduire d'au moins 50% les coûts de l'exhaure/irrigation.
- ✓ Les faibles capacités des exploitants agricoles à financer l'achat du gaz et/ou de l'essence. Comme dans le cas des équipements, les exploitants agricoles sont contraints de s'endetter pour réaliser les travaux d'exhaure/irrigation sur leurs parcelles. Les contraintes de trésorerie persistent tout au long du

processus de production si bien qu'au terme de la campagne, l'essentiel des revenus générés sert au remboursement des dettes accumulées pendant la campagne.

✓ La surexploitation de la nappe phréatique a conduit sur la plupart des sites de la PI à une baisse du niveau de l'eau. Pendant la saison sèche et chaude, les puits se tarissent et contraignent les exploitants agricoles à foncer de nouveaux puits ou à surcreuser ceux-ci à des profondeurs élevées, rendant l'usage de la motopompe extrêmement dangereux et coûteux. Jusqu'à présent, les pénuries sont de courte durée, et les pluies torrentielles assurent la recharge de la nappe pour une période suffisamment longue. Selon plusieurs producteurs irriguants, plusieurs sites irrigués pourraient disparaitre dans la région d'Agadez si les tendances pluviométriques actuelles s'inversent.

Photo 12 : pompe solaire et motopompe à gaz sur une parcelle du site d'Intideynawen

Photo 13 : puits maraichers à Tabelot

Planification des activités d'exhaure/irrigation

Sur la plupart des parcelles enquêtées, les exploitants agricoles mettent en œuvre une planification non formelle de l'exhaure / irrigation qui est définie en fonction des besoins en eau des cultures, de leurs capacités financières et des conditions biophysiques de production (tableau 11) :

- ✓ Dans le système de ***cultures maraichères pures***, les opérations d'exhaure/irrigation sont réalisées en saison sèche et chaude 1 fois/2 jours pour une durée de 8 heures à Intideynawen. En saison sèche et froide, les différences entre les sites sont significatives :
  - Sur le site de Tabelot, les opérations d'exhaure/irrigation sont réalisées 1 fois / 3 jours en hivernage et une fois/2 jours en SSF. Ces opérations durent 10 h et mobilisent 1 HJ/ha, aussi bien en hivernage qu'en SSF.
  - Sur le site d'Intideynawen, les fréquences d'exhaure et d'irrigation sont moins régulières et les durées moins longues: une fois chaque deux (2) jours en SSC, et une fois chaque quatre (4) jours en hivernage et 1 fois chaque semaine en SSF. Les opérations d'exhaure/irrigation durent 4 h en hivernage et 8 h en SSC.
- ✓ Dans le ***système de cultures maraichères associées aux cultures céréalières***, les différences sont significatives d'une parcelle irriguée à l'autre sur le même site :
  - A Téguert, la fréquence des opérations d'exhaure/irrigation est quasi-identique sur les deux parcelles enquêtées. La fréquence de l'irrigation en hivernage varie d'1 fois/2 jours conte 1 fois/4 jours). La durée de l'irrigation présente des écarts importants : sur la première parcelle, l'irrigation dure 6 h en hivernage et 8h en SSF. Sur la seconde parcelle, la durée d'irrigation est inchangée au cours des trois saisons de culture : elle dure 9 heures par opération.
  - A Toumga, les différences sont significatives au niveau de la durée de l'exhaure/irrigation. Elle dure 8 h en SSC contre 3 h en hivernage et en SSF sur la première parcelle. Sur la seconde parcelle, les durées enregistrées sont de 4 h en hivernage, 10 h en SSC, et 8 h en SSF.
  - Dans le système d'arboriculture pure, les parcelles ne sont pas irriguées en saison hivernale, et ce sur tous les sites enquêtés. Contrairement à ce que l'on pourrait penser, ce système de culture ne présente pas les fréquences d'exhaure/irrigation les plus faibles. A Tabelot, la parcelle enquêtée est irriguée 1 fois/4j pendant 8 h à chaque opération. A Intideynawen, les opérations d'exhaure/irrigation durent chacune en moyenne 8h avec des fréquences qui varient selon les saisons.
- ✓ Enfin, dans le système d'arboriculture associée aux cultures maraichères et céréalières, les fréquences et les durées des opérations d'exhaure/irrigation

varient d'une parcelle à une autre et d'un site à l'autre. Deux principales remarques sont à souligner :

- A Timia oasis, les opération d'exhaure/irrigation sont réalisées tous les 10 jours en SSF et durent 2 h. Cette parcelle, située au cœur des vergers de l'oasis de Timia, bénéficie de conditions biophysiques particulières caractérisées par un taux d'humidité très élevé et un faible degré d'évaporation.
- A Intideynawen, un exploitant agricole qui dispose d'une pompe solaire et d'une motopompe à carburateur hybride affirme irriguer son verger quotidiennement du matin au soir pendant toute l'année, sauf en pleine saison hivernale. Il dispose de 200 citronniers et de 130 orangers sur une parcelle de 0,5 hectare. Avant l'installation de la pompe solaire, sa parcelle était irriguée en moyenne une fois par semaine pendant moins de 8 h. Selon cet exploitant, ce changement dans la fréquence et la durée des opérations d'exhaure/irrigation résulte principalement de ses nouvelles conditions techniques de production qui lui permettent de fournir de l'eau à ses plants sans aucun frais à supporter à court terme.

Tableau 11 : modalités de planification de l'exhaure/irrigation

Site	Type de système de culture	Planification de l'exhaure/irrigation			Durée moyenne d'une exhaure/irrigation (nb. d'h.)		
		Hivernage	SSC	SSF	Hivernage	SSC	SSF
Tabelot	Cultures maraichères	1 fois/3 j	0	1 fois/ 2 j	10	0	10
	Arboriculture pure	0	1 fois/4 j	1 fois / 4 j	0	8	8
	Arboriculture associée aux cultures maraichères et céréalières	1 fois/ 3 j	1 fois/3 j	1 fois /5 j	5	5	2
Timia Oasis	Arboriculture pure	0	1 fois/2 j	1 fois/10 j	0	2	2
	Arboriculture associée aux cultures maraichères et céréalières 1	1 fois/7j	1 fois/5j	1 fois /10j	2	2	2
	Arboriculture associée aux cultures maraichères et céréalières 2	1 fois/3 j	1 fois/2 j	1 fois/3 j	5	6	5
Téguert	Arboriculture pure	0	1 fois/3 j	1 fois / 7 j	0	8	6
	Cultures maraichères associées aux cultures céréalières 1	1 fois/3 j	1 fois/2 j	1 fois/7j	6	8	6
	Cultures maraichères associées aux cultures céréalières 2	1fois /4j	1 fois/2 j	1 fois/7 j	8	8	8
Intideynawen	Cultures maraichères pures	1 fois/4 j	1 fois / 2 j	1 fois/4 j	4	8	4
	Arboriculture pure	1 fois/4j	1 fois/2 j	1 fois/ 4 j	8	8	8
	Arboriculture associée aux cultures maraichères et céréalières	1 fois/4 j	1 fois/2 j	1 fois/7 j	4	8	12
Toumga	Cultures maraichères et céréalières 1	1 fois/ 3 j	1 fois/2j	1 fois/2 j	3	8	3
	Cultures maraichères et céréalières 2	1 fois/ 3 j	1 fois/2j	1 fois/2 j	4	10	8
	Arboriculture associée aux cultures maraichères et céréalières	1 fois / 3 j	1 fois/2j	1 fois/2j	8	8	8

Stratégie de lutte contre l'évaporation, la pollution, et l'érosion hydrique

Comme dans les autres régions enquêtées, la majorité des exploitants agricoles rencontrés ne développent pas de stratégies spécifiques pour réduire évaporation, pollution et érosion hydrique. Toutefois, quelques producteurs ont des pratiques qui contribuent à la préservation de l'environnement. Ils utilisent des troncs d'arbres, des tissus, ou toutes matières pouvant faciliter l'écoulement de l'eau sans creuser le sol et renforcer la solidité des canalisations d'irrigation, etc. Il s'agit de mesures rudimentaires qui n'empêchent pas la dégradation du sol autour des planches, obligeant les exploitants agricoles à mener des travaux de remblai et d'entretien des planches de manière quotidienne. D'autres exploitants construisent des mini-bassins en béton qui permettent de réduire la vitesse de l'eau à la sortie du tuyau.

Photo 14 : mesure de lutte contre l'érosion hydrique sur une parcelle du site de Timia oasis

Selon les producteurs enquêtés, ***la production agricole irriguée n'a pas entrainé de pollution des eaux de surface ou de la nappe phréatique sur les sites enquêtés.*** Cette perception devrait toutefois être confrontée à la réalisation d'analyses approfondies et périodiques des sols, des eaux et des produits agricoles, sur les sites à fort développement de la PI, pour mieux comprendre l'impact de celle-ci sur la qualité des ressources en eaux et sur la fertilité des sols à court, moyen, et long termes. A Tabelot et à Timia oasis, des études ont été commanditées pour mesurer l'impact du développement de la PI sur l'environnement en général, et la nappe d'eau en particulier. Selon les responsables de ces deux communes, aucune pollution n'a été décelée.

Main d'œuvre et consommation de carburant dans la pratique de gestion de l'eau

Les opérations d'exhaure/irrigation sont conduites en général par la main d'œuvre familiale aidée sur certains sites par de la main d'œuvre salariée (Tabelot et Toumga). Parmi les sites enquêtés, Toumga constitue le seul site où les travaux d'exhaure/irrigation sont réalisés exclusivement par la main d'œuvre salariée sur certaines parcelles. Contrairement à ce que l'on pourrait penser, le volume de travail consacré à ces activités ne dépend pas principalement des superficies cultivées, ni des saisons : il dépend plus du système de culture mis en œuvre par les chefs d'exploitation sur chaque parcelle.

Dans les systèmes de cultures maraichères (pures ou en association avec d'autres cultures), les volumes de la main d'œuvre mobilisés sont les plus élevés. Ils varient 11 HJ/ha à 112 HJ/ha pour chaque saison (Graphiques 8-12) :

- ✓ Sur le site de Tabelot, les opérations d'exhaure et d'irrigation dans le système de culture de type « cultures maraichères pures » mobilisent 34 HJ/ha en hivernage et 51HJ/ha en SSC. Dans le système d'arboriculture pure, l'exhaure et l'irrigation mobilisent 32 HJ/ha pour chacune des deux saisons au cours desquelles la parcelle est irriguée, c'est-à-dire en SSF et en SSC.
- ✓ Sur le site de Timia oasis, c'est le système d'arboriculture pure qui mobilise plus de main d'œuvre pour les travaux d'exhaure/irrigation (36 HJ/ha en SSF et en SSC). Dans le système d'arboriculture associée aux cultures maraichères et céréalières, les deux parcelles mobilisent chacune pour les trois saisons moins de 70 HJ/ha. Cette faible mobilisation de main d'œuvre au cours de cette étape cruciale de l'itinéraire technique s'explique d'une part par des conditions biophysiques favorables au maintien sur une longue période de l'humidité et de faibles taux d'évaporation de l'eau, et d'autre part par les pratiques d'exhaure/irrigation qui sont réalisées sans présence physique d'un ouvrier pendant toute la période de l'irrigation. Plusieurs chefs d'exploitation mettent en marche leur motopompe puis vont ensuite vaquer à d'autres occupations, et enfin reviennent sur la parcelle au moment où il est nécessaire d'ajouter du carburant ou d'arrêter la motopompe.
- ✓ A Téguert (Timia hors oasis), c'est le système de cultures maraichères associées aux cultures céréalières qui mobilisent plus de main d'œuvre : 90 HJ/ha en SSC, 46 HJ/ha en hivernage et 20 HJ/ha en SSF pour la première parcelle enquêtée. Sur la deuxième parcelle enquêtée, la mobilisation de la main d'œuvre est équivalente à celle observée sur certaines parcelles de Timia oasis.
- ✓ A Intideynawen, le volume de main d'œuvre mobilisé varie de 36 HJ/ha à 45 HJ/ha en SSC selon les systèmes de culture. L'adoption d'une pompe solaire ne modifie pas de manière significative l'intensité de mobilisation de la main d'œuvre employée.

- ✓ Sur le site de Toumga, il existe des différences significatives d'intensité de main d'œuvre mobilisée dans le système de cultures maraichères associées aux cultures céréalières. En SSC, les parcelles 1 et 2 mobilisent respectivement 30 et 112 HJ/ha. Ces écarts importants entre deux parcelles sur le même site de production irrigué fait ressortir la diversité des facteurs qui peuvent déterminer le volume de la main d'œuvre utilisé pour les travaux d'exhaure/irrigation.

Graphique 8 : quantité de main d'œuvre mobilisée dans le système de cultures maraichères par site

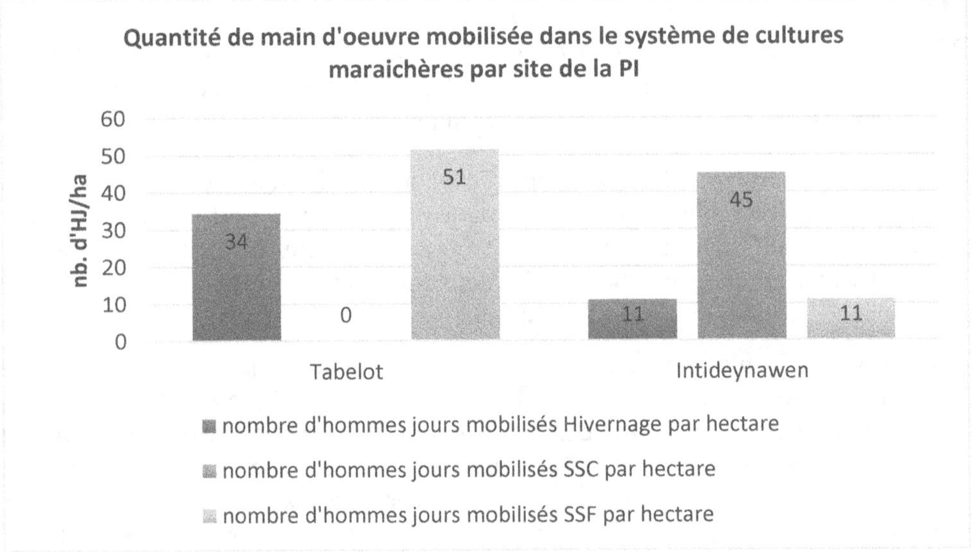

Graphique 9 : quantité de main d'œuvre mobilisée dans le système de cultures maraichères associées aux cultures céréalières par site

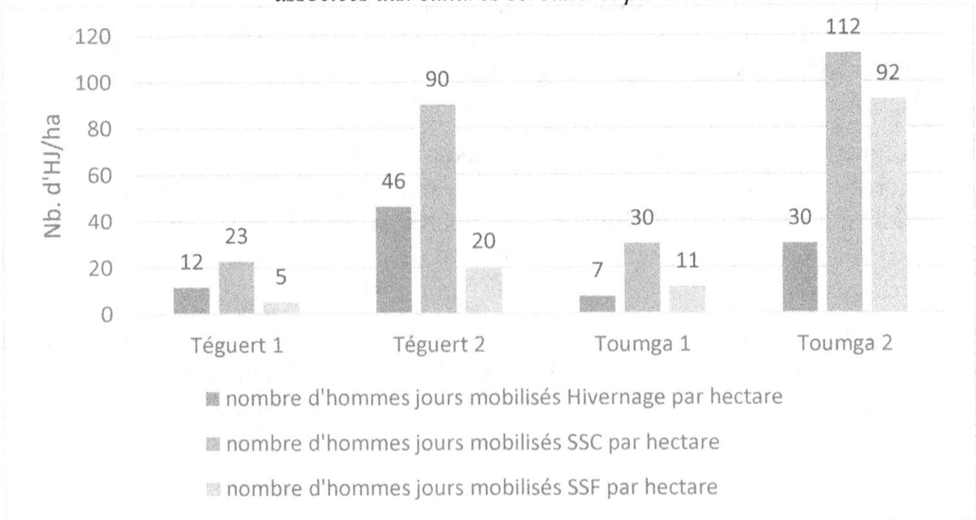

Graphique 10 : quantité de main d'œuvre mobilisée dans le système de l'arboriculture pure par site de la PI

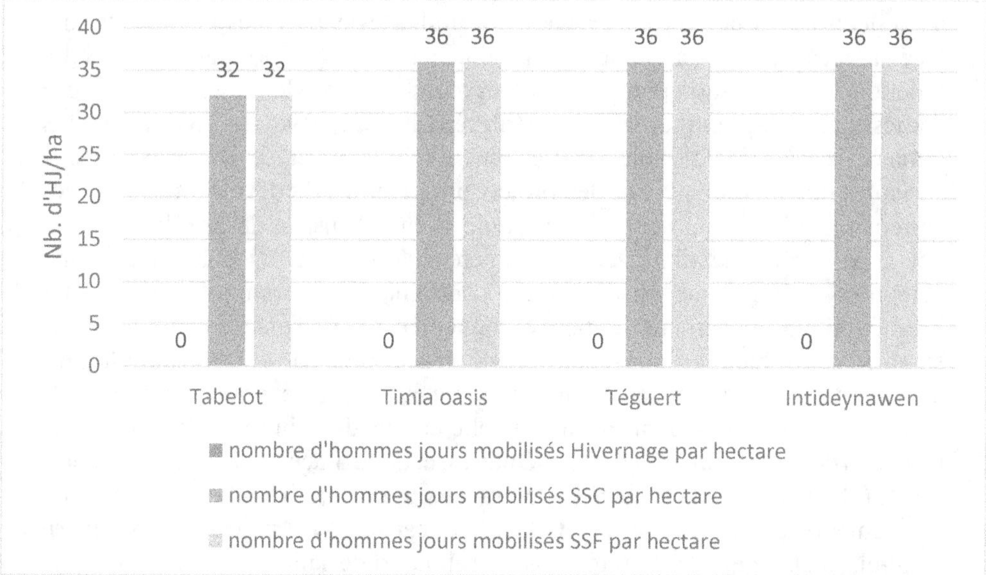

Graphique 11 : quantité de main d'œuvre mobilisée dans le système de l'arboriculture associée aux cultures maraichères et céréalières

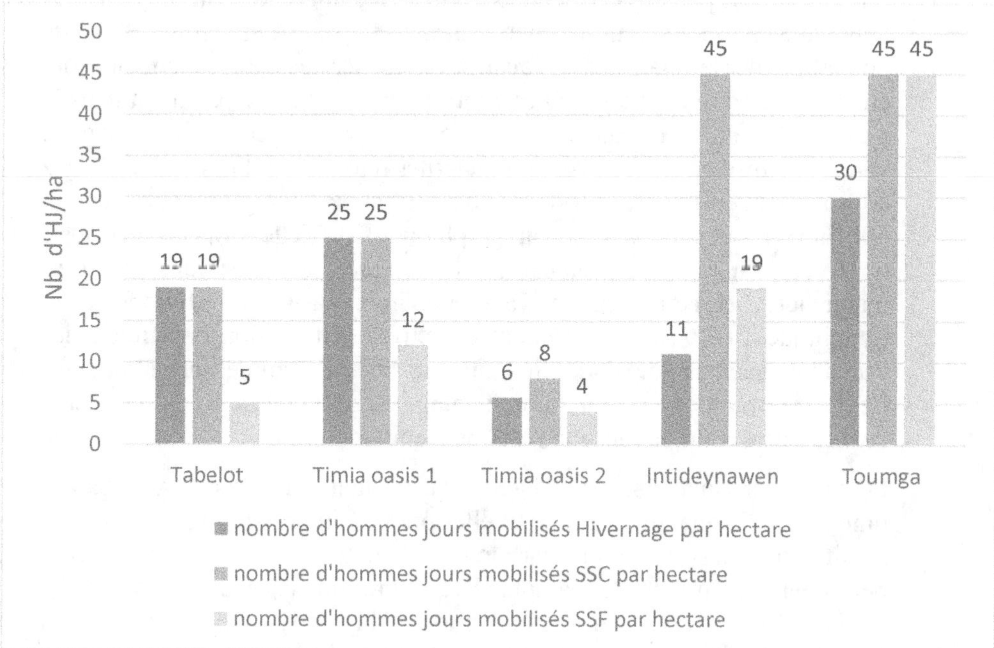

Le choix d'un système d'exhaure/irrigation fondé sur la motopompe se traduit par d'importantes charges liées à la consommation de carburant et à l'entretien de celle-ci. Dans la région d'Agadez, les multiples contraintes auxquelles font face les exploitants agricoles dans l'acquisition de carburant pour faire fonctionner leurs motopompes les ont conduites à s'orienter vers le gaz domestique et les pompes solaires. Malgré le niveau élevé des investissements initiaux requis, l'énergie solaire est de plus en plus privilégiée par les exploitants agricoles qui se tournent vers les projets/programmes de développement et les partenaires privés pour acquérir ces équipements. L'usage du gaz domestique, qui a pour effet de diminuer de manière significative les coûts d'exhaure/ irrigation, se heurte de son côté à une contrainte de disponibilité sur les sites irrigués en PI. Les ruptures d'approvisionnement en gaz sont fréquentes, surtout en saison hivernale qui constitue dans le massif de l'Aïr la campagne la plus importante pour les producteurs irrigants. Le recours à l'énergie solaire pour le pompage présente un double avantage : elle permet de réduire considérablement le niveau des consommations intermédiaires, et donc d'accroitre la valeur ajoutée brute. Elle permet aussi de faciliter les travaux d'exhaure/irrigation en évitant les problèmes de pénurie de carburant, de faibles capacités financières pour acquérir celui-ci, etc. Comme dans les régions de Tahoua et de Tillabéri, deux principales visions sur l'exhaure/irrigation s'affrontent :

- ✓ Sur certaines parcelles orientées vers l'accumulation du capital, les exploitants agricoles estiment nécessaire de fournir le maximum d'efforts pour alimenter les planches en eau afin de réaliser de hauts rendements, tout en cherchant à réduire les coûts en carburant ; c'est principalement dans le système de cultures maraichères associées aux cultures céréalières que cette vision est mise en œuvre avec des quantités maximales d'essence et de gaz consommées en SSC sur les sites de Téguert et de Toumga (respectivement 600 litres/ha et 500 kg/ha, voir graphique 13). Cette stratégie est aussi observée dans les systèmes d'arboriculture associée aux cultures maraichères et céréalières à Tabelot, Timia oasis, et à Intideynawen (graphique 14). Ceux qui mettent en œuvre cette vision constituent les principaux acteurs de l'adoption du gaz butane comme carburant dans l'exhaure/irrigation et de la pompe solaire : ils tentent de minimiser leurs coûts en carburant par des innovations technologiques.
- ✓ D'autres producteurs considèrent qu'il faut apporter aux plantes uniquement la quantité d'eau dont elles ont besoin pour réduire de manière significative les coûts en carburant, et obtenir des rendements qui permettent au moins de garantir l'équilibre financier de l'exploitation agricole. Cette vision est majoritaire chez la plupart des chefs d'exploitation à faible capacité financière dont la production est essentiellement orientée vers la subsistance (graphiques 12-15).

Graphique 12 : consommation de carburant par saison et par site dans le système de cultures maraichères

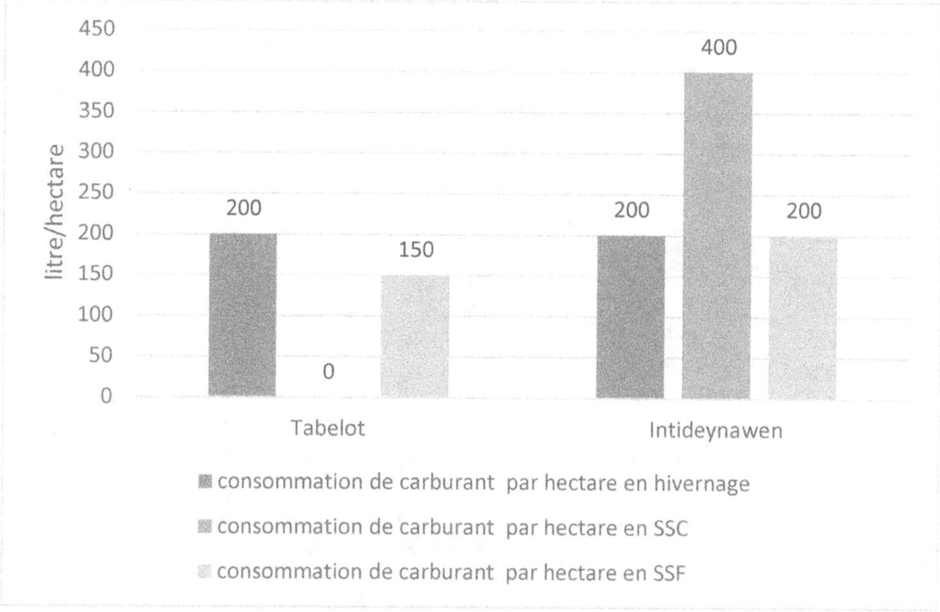

Graphique 13 : consommation de carburant par saison et par site de la PI dans le système de cultures maraichères associées aux cultures céréalières

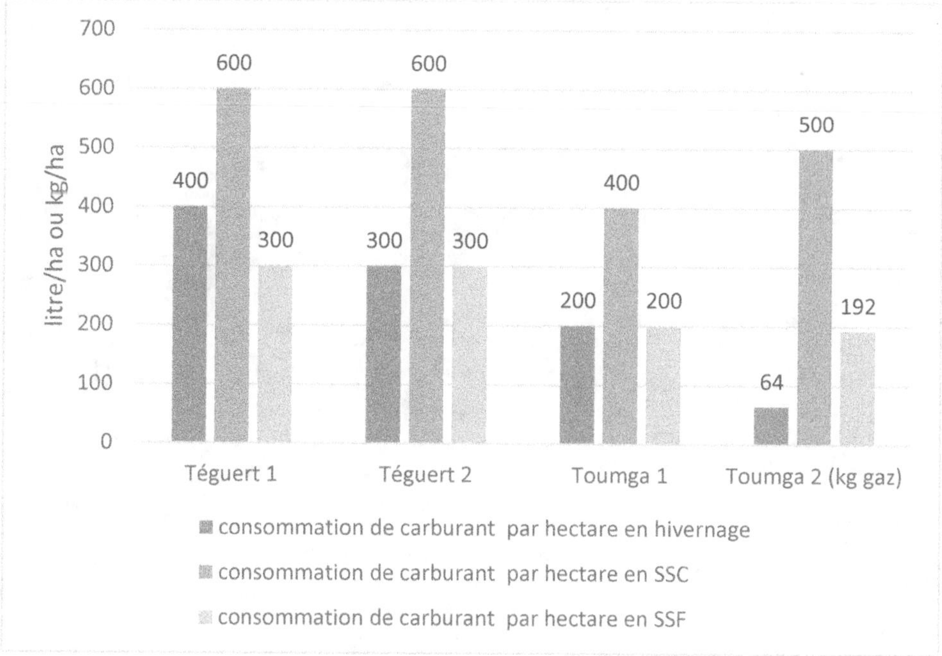

Graphique 14 : consommation de carburant par saison et par site de la PI dans le système de l'arboriculture pure

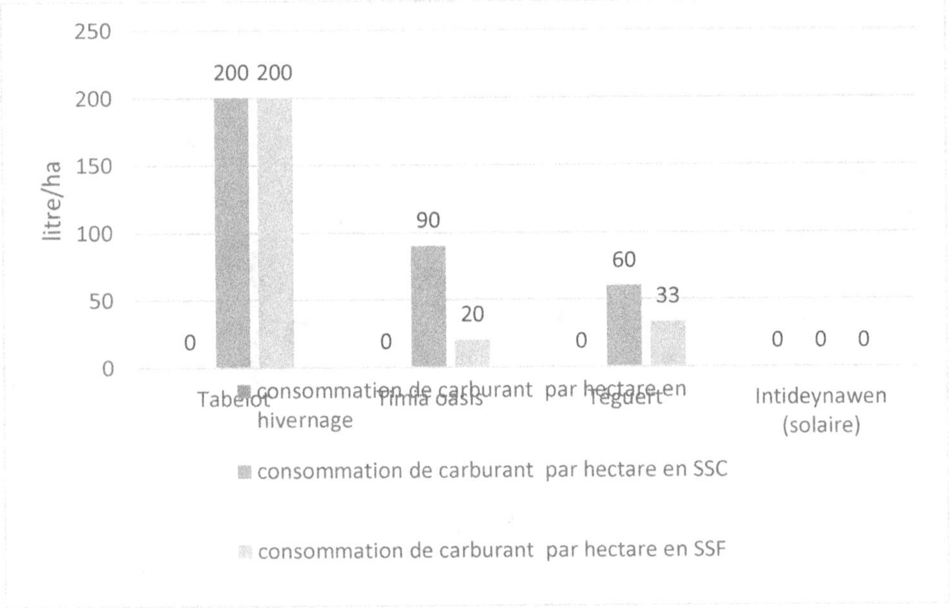

Graphique 15 : consommation de carburant par saison dans le système de l'arboriculture associée aux cultures maraichères et céréalières par site

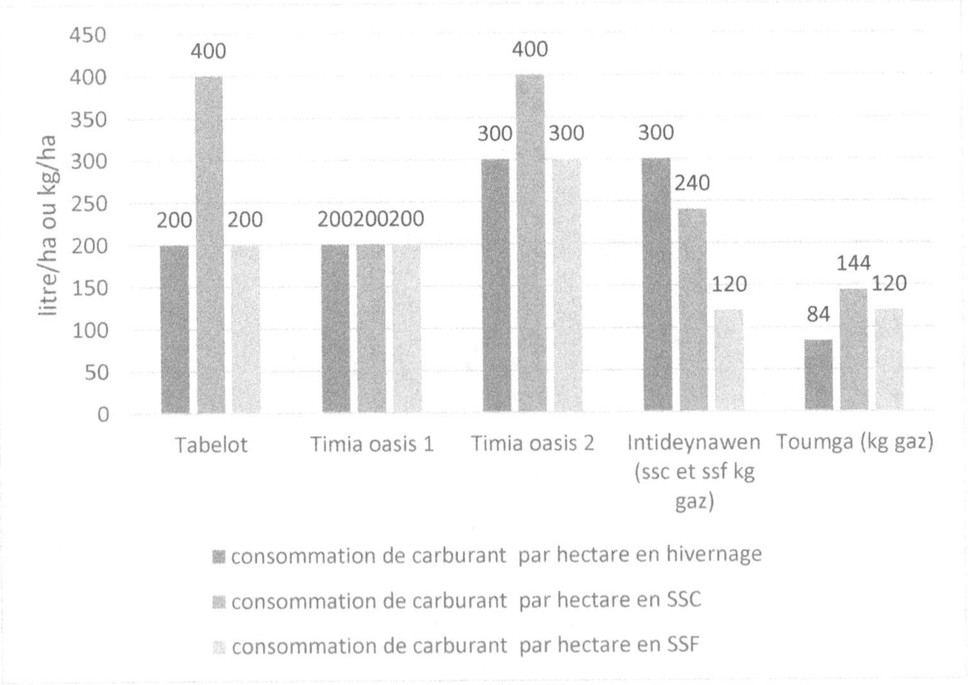

4. *La gestion de la fertilité des sols*

De manière générale, la fertilité du sol se définit comme « la capacité du sol à répondre aux besoins physiques, chimiques et biologiques nécessaires à la croissance des plantes, pour leur productivité, leur reproduction et leur qualité (considérée en termes de bien-être humain et animal dans les cas des plantes utilisées comme nourriture ou comme fourrage), de manière adaptée au type de plante, au type de sol, à l'usage des sols et aux conditions climatiques »[26]. La fertilité du sol est déterminée par ses composantes chimiques, physiques, et biologiques. Un sol fertile dispose des propriétés générales suivantes :

- ✓ Une profondeur de sol suffisante pour le développement du système racinaire et pour retenir une quantité d'eau suffisante ;
- ✓ Un bon drainage, permettant une aération du sol suffisante pour la respiration racinaire même si certaines plantes sont adaptées aux sols saturés en eau, comme le maïs ou le riz ;
- ✓ Une quantité de matière organique suffisante pour permettre une rétention d'eau suffisante et une bonne structure du sol ;
- ✓ Un pH adapté aux besoins des plantes, généralement situé entre 5,5 et 7,0 (FAO) ;
- ✓ Une concentration suffisante des différents nutriments indispensables aux plantes, sous des formes assimilables ;
- ✓ La présence de microorganismes favorables au développement des plantes.

Les pratiques de gestion de la fertilité du sol visent à maintenir un équilibre entre l'utilisation du sol par l'homme (exploitation des terres conduisant à des exportations minérales) et son aptitude à se renouveler et à maintenir ses dispositions culturales à court, moyen et long terme. La gestion de la fertilité des sols comprend à la fois les travaux de structuration physique et d'aération du sol (labour, sarclage, binage), et la fertilisation par des apports chimiques et organiques effectués soit de manière directe (épandage de fumure organique et/ou d'engrais chimique, enfouissement de végétaux, etc.) ou indirectement à travers les rotations et/ou associations culturales sur les parcelles.

Dans la présente sous-section, nous nous intéresserons plus spécifiquement aux pratiques de gestion de la fertilité du sol à travers les apports directs d'engrais chimiques et de fumure organique sur les parcelles irriguées enquêtées.

Généralités sur les pratiques de gestion de la fertilité des sols sur les cinq sites enquêtés

Les parcelles enquêtées possèdent des niveaux de fertilité du sol variables. La fertilisation est effectuée selon diverses modalités :

---

[26] LK Abbott, DV Murphy, *Soil biological fertility- A key to sustainable land use in agriculture*, Kluwer Academic Publishers, 2003

- ✓ ***Dans le système de cultures maraichères***, les exploitants agricoles associent l'engrais chimique et la fumure organique sur leurs parcelles (Tabelot). La combinaison de fertilisants chimiques et organiques est employée pour les fumures de fond et d'entretien qui sont essentielles pour l'oignon, le poivron, et l'ail. Ces spéculations constituent les principales cultures de rente sur ce site. L'application de l'engrais chimique s'effectue en général sur toute la surface exploitée en plusieurs apports successifs. A Intideynawen (site d'élevage), l'application de fertilisants chimiques est rare dans ce système de culture : les exploitants agricoles appliquent essentiellement du fumier.
- ✓ ***Dans le système de cultures maraichères associées aux cultures céréalières,*** deux modalités de fertilisation du sol sont pratiquées :
  - Utilisation exclusive de fumure organique. Les exploitants agricoles interrogés excluent d'utiliser les engrais chimiques pour améliorer la qualité de leurs produits maraichers.
  - Application intensive de fertilisants chimiques (urée et NPK 15-15-15) en association avec la fumure organique. L'engrais chimique est appliqué en surface sur toutes les planches. Dans ce cas, l'application de fertilisants chimiques est toujours combinée avec l'épandage de fumier et/ou de compost.
- ✓ ***Dans les systèmes d'arboriculture***, il a été observé deux cas :
  - Celui des sites de Téguert, Timia oasis, et d'Intideynawen où l'exploitant agricole applique uniquement de la fumure organique aux pieds des arbres fruitiers. Plusieurs exploitants agricoles interrogés estiment que les arbres fruitiers génèrent suffisamment de résidus pour fertiliser le sol de manière permanente et naturelle, à travers les rejets de feuilles/branchages et le biotope créé, de telle sorte que les apports additionnels en fertilisant chimique sont superflus.
  - Celui du site de Tabelot sur lequel l'exploitant agricole effectue plusieurs apports de fertilisant chimique en combinaison avec du fumier et du compost de manière localisée (autour du pied des arbres). Les épandages ainsi pratiqués sont des fumures d'entretien destinées à accroitre les rendements agricoles dans un système de production orienté principalement vers l'accumulation du capital. Sur les parcelles de ce type, les producteurs réalisent des opérations continues d'entretien des arbres fruitiers pendant toute l'année.
- ✓ ***Dans les systèmes de type arboriculture associée aux cultures maraichères et céréalières,*** les producteurs combinent l'épandage d'engrais minéraux et l'application de fumure organique/compost (Tabelot, Intideynawen, et Toumga). A Timia oasis, les exploitants agricoles

appliquent la fumure organique en grande quantité à la fois autour des pieds des arbres et sur les parcelles de légumes et de céréales.

Trois remarques peuvent être faites à partir des données collectées :

- Les modalités d'acquisition de l'engrais chimique et de la fumure organique sont identiques sur tous les sites irrigués enquêtés. L'engrais chimique est acheté au comptant ou à crédit auprès des coopératives locales ou, à défaut, sur les marchés hebdomadaires ou locaux. La fumure organique provient du bétail local qui a été parqué sur tous les sites enquêtés. La fumure organique est vendue par les éleveurs sur les sites irrigués (la brouette coûte 500 francs CFA sur le site de Tabelot).
- Deux principales contraintes sont perçues par les exploitants agricoles par la PI dans la gestion de la fertilisation : Le manque de ressources financières pour acquérir l'engrais chimique et les coûts élevés du transport de la fumure organique collectée dans les villages. Même si les exploitants agricoles ne mentionnent pas de manière explicite les contraintes liées au prix et à la disponibilité des engrais détenus par les coopératives locales et/ou disponibles sur les sites irrigués, tous les sites enquêtés font face à cette double contrainte.
- Les stratégies de gestion de la fertilisation des sols sont axées essentiellement sur l'application combinée des engrais chimiques et de la fumure organique. Cependant, certains exploitants agricoles s'orientent vers l'utilisation exclusive de la fertilisation organique, qui est considérée par la majorité des exploitants agricoles comme une solution durable à la dégradation de la fertilité des sols sur les anciens sites de production irrigués. Sur les parcelles axées sur la production de cultures de rente, les quantités d'engrais chimique appliquées demeurent relativement élevées. Les faibles capacités financières des exploitants agricoles ne leur permettent pas de dépasser les normes nationales et internationales.

Pratiques de fertilisation minérale

Deux principaux engrais chimiques sont appliqués par les chefs d'exploitation : le NPK 15-15-15 et l'Urée. Les modalités d'application de ces deux types d'engrais varient en fonction des saisons, des systèmes de culture, et des sites irrigués (graphique 16 ci-après) :

- ✓ Sur le site de **Tabelot**, les fertilisants chimiques sont appliqués principalement en hivernage dans les systèmes de cultures maraichères pures ou associées aux cultures céréalières. L'urée est appliquée dans des proportions plus importantes que le NPK 15-15-15.
- ✓ A **Timia oasis**, la fertilisation minérale est très peu répandue dans le cœur même de l'agglomération. Par contre, les parcelles plus récentes, placées aux

extrémités de l'oasis et sur lesquelles sont mises en œuvre des systèmes de culture de type arboriculture associée aux cultures maraichères et céréalières, reçoivent de l'urée et le NPK 15-15-15 dans des proportions quasi-égales et en faibles quantités au cours des trois saisons.

- ✓ Sur le site de **Téguert**, la gestion de la fertilité des sols est pratiquée de façon similaire.
- ✓ A Toumga et Tabelot, de fortes disparités apparaissent entre les parcelles : dans le système de cultures maraichères associées aux cultures céréalières, la première parcelle enquêtée ne reçoit aucun amendement chimique. La seconde parcelle enquêtée bénéficie d'épandages en quantités importantes d'urée (350 kg/ha/an) et de NPK 15-15-15 (400 kg/ha/an). Dans le système d'arboriculture associée aux cultures maraichères et céréalières, de faibles quantités de fertilisants chimiques sont appliquées. Les différences dans la gestion de la fertilité des sols entre les parcelles d'un même site, observées aussi sur le site d'Intideynawen, résultent essentiellement de celles observées entre les motivations et les capacités financières des exploitants agricoles engagés dans la PI. C'est principalement sur ce dernier site que les plus grandes quantités de fertilisants chimiques appliquées ont été relevées parmi les cinq sites enquêtés (respectivement 600 kg/ha/an d'urée et 500 kg/ha/an de NPK 15-15-15).

De manière générale, les engrais chimiques sont appliqués à des doses inférieures aux normes nationales et internationales malgré une forte propension à accroitre les quantités appliquées d'une année sur l'autre, principalement sur le site de Tabelot.

Sur la majorité des parcelles enquêtées présentant un système de type maraîchage pur, les apports en engrais chimique sont réalisés i/ d'abord au moment du labour, en combinaison avec de la fumure organique ou de l'urée associée à du fumier/compost, puis ii/ lors du repiquage et de la croissance des feuilles et des tiges (urée mélangée à de la fumure organique/compost selon les types de culture). Pour les légumes à cycle végétatif long (aubergine, tomate, poivron, piment), les exploitants agricoles appliquent de l'urée et/ou du NPK 15-15-15 après chaque récolte sur certaines parcelles, pour renforcer son aptitude culturale. Les producteurs appliquent également ces deux types d'engrais chimique en association sur les arbres fruitiers pour favoriser le développement des tiges et des feuilles. Ces applications sont effectuées de manière échelonnée, sur toute l'année.

Les doses d'engrais chimique épandues dépendent de la saison : dans la plupart des cas, les doses les plus importantes sont appliquées en hivernage et dans de très rares cas en SSF. En SSC, les exploitants agricoles des cinq sites enquêtés appliquent peu d'engrais chimique.

C'est la main d'œuvre familiale qui assure l'épandage de l'engrais, à l'exception des parcelles exploitées avec de la main d'œuvre salarié à Tabelot, Timia oasis, et Toumga. L'épandage d'engrais chimique est effectué à la main sans aucune protection. Une binette ou une daba est parfois utilisée en complément pour l'enfouissement. La main d'œuvre mobilisée pour l'épandage de l'engrais chimique représente moins d'un HJ/ha.

Graphique 16 : doses de fertilisation minérale apportées annuellement, comparées entre les systèmes de culture dans la région d'Agadez

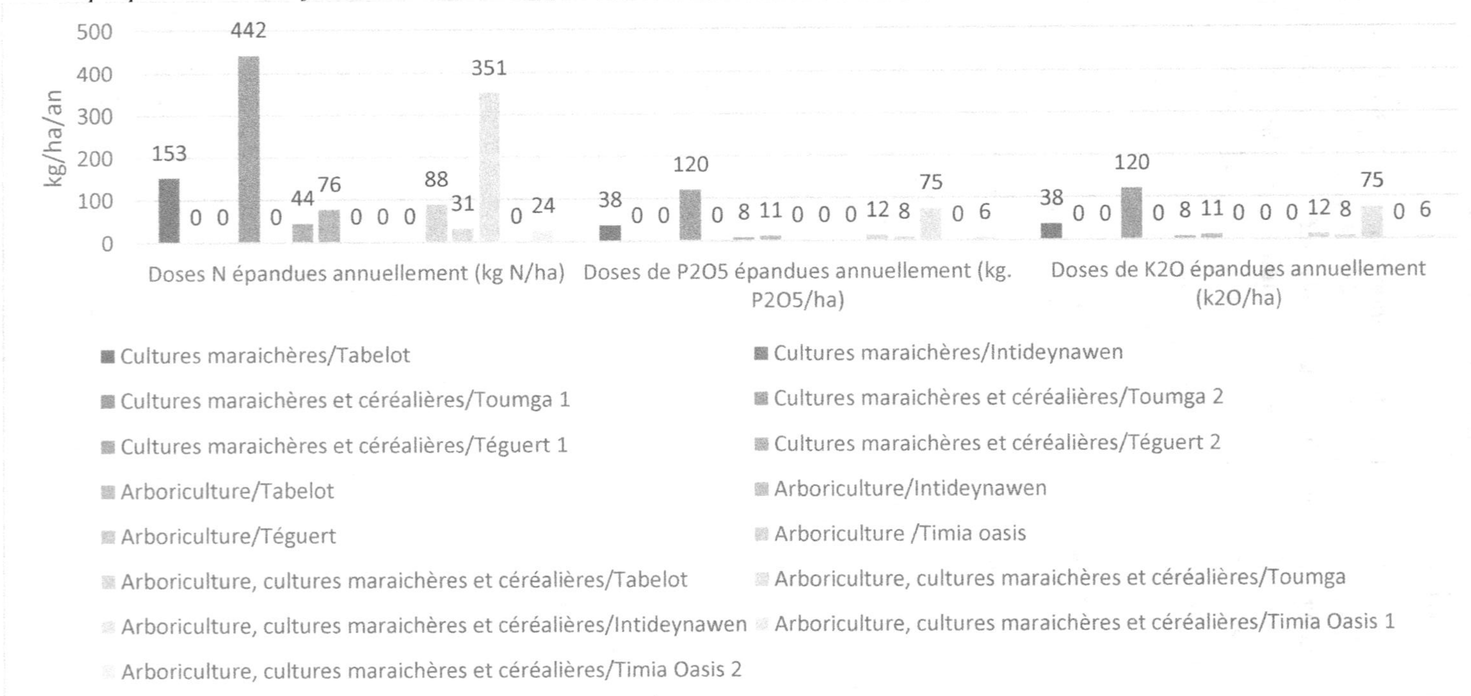

Pratiques de gestion de la fertilité du sol par application de la fumure organique

Paradoxalement, le fumier/compost constitue le principal fertilisant appliqué par les exploitants agricoles engagés dans la PI dans le massif de l'Aïr (Tableau 12). Sur les sites à taux d'utilisation élevé de fertilisants chimiques, de faibles quantités de fumure organiques sont appliquées (Toumga, Intideynawen). C'est l'inverse à Timia oasis où les quantités de fumure organique épandues sont les plus importantes des sites enquêtés et où les quantités de fertilisants chimiques appliquées sont réduites.

Tableau 12 : quantité moyenne de fumure organique appliquée (kg/ha/an)

Systèmes de culture	Tabelot	Timia oasis	Téguert	Intideynawen	Toumga
Cultures maraichères	40 000	Na	na	2 250	na
Cultures maraichères associées aux cultures céréalières 1	na	Na	3 750	na	500
Cultures maraichères associées aux cultures céréalières 2	na	Na	1 000	na	3 000
Arboriculture pure	3 500	1 000	600	6 000	
Arboriculture associée aux cultures maraichères et céréalières 1	2 000	47 100	Na	4 000	400
Arboriculture associée aux cultures maraichères et céréalières 2	na	10 000	Na	na	na

Dans cette région, l'épandage de matière organique est en général réalisé par la main d'œuvre familiale, à l'aide d'outils rudimentaires (râteaux, pelles, daba, houe). La matière organique est épandue sur toute la superficie de la parcelle au moment du labour. Elle peut aussi être incorporée aux planches lors de leur confection. Enfin, elle est parfois apportée tout au long de la croissance des tiges et des feuilles, dans des quantités moins importantes et de manière épisodique.

Certains producteurs apportent de la matière organique au moment de la floraison et de l'apparition des fruits, selon le type de système de culture pratiqué. Les pratiques de gestion de la fertilité avec de la fumure organique se poursuivent tout au long de la campagne agricole. L'épandage mobilise un nombre d'hommes-jours/hectare qui varie en fonction des quantités appliquées (en moyenne moins de 8 HJ /ha pour chaque campagne). Sur tous les sites, le transport du fumier représente une contrainte majeure. Dans plusieurs cas, les exploitants sont contraints de se rendre dans les villages voisins pour ramasser ou acheter la fumure organique et la transporter sur leurs parcelles respectives. Le transport de la fumure organique requiert des besoins importants en main d'œuvre et/ou en trésorerie : sur les sites enquêtés, les moyens de transport généralement utilisés sont le tracteur (40 000 francs CFA/voyage à Tabelot), les camionnettes (Intideynawen), les charrettes asines (Toumga), et les brouettes (Timia et Téguert). Après le labour, les applications de fumure organique s'effectuent souvent en association avec de l'engrais chimique (urée ou NPK). Selon les producteurs interrogés, cette stratégie permet d'une part de compenser les faibles quantités d'engrais chimique appliquées et d'autre part de réduire les risques de dégradation du sol sur les parcelles.

Autres pratiques de gestion de la fertilité du sol

Contrairement aux autres régions enquêtées, la plupart des producteurs pratiquent des rotations culturales sur les sites enquêtés dans la région d'Agadez. Cette pratique s'observe notamment dans les systèmes de cultures maraichères associées aux cultures céréalières. Sur l'une des parcelles enquêtées de Toumga, le chef d'exploitation cultive en hivernage un légume racine (oignon) et un légume fruit (poivron). En SSF, il sème des céréales (maïs et blé) sur les planches d'oignon, et la carotte sur celles ayant servi à produire le poivron. Enfin, il produit des légumes fruit (courge, piment, et tomate) en SSC. Des rotations culturales similaires sont observées à Timia oasis et à Téguert. Ce choix de rotation culturale s'inscrit-il dans une stratégie de fertilisation des sols, ou correspond-il simplement à l'adaptation d'autres facteurs déterminant les systèmes de culture et de production ? Deux observations peuvent être faites à cet égard à partir des résultats de l'enquête de terrain :

✓ La catégorisation des légumes (fruit, racine, feuille) n'est pas prise en considération par les exploitants agricoles dont les choix de cultures maraichères sont principalement déterminés par le marché et les besoins pour la subsistance. La culture de l'oignon en hivernage demeure ainsi essentielle pour les exploitants agricoles du massif de l'Aïr car elle leur permet d'être les principaux fournisseurs de ce légume sur l'ensemble du pays au cours de cette période. Certains sites irrigués se sont spécialisés dans les cultures maraichères et céréalières : cultures de rente en hivernage et en SSC, et cultures céréalières en SSF. Ces spécialisations régionales se traduisent par une abondance des mêmes cultures aux mêmes moments sur tous les sites. Ainsi, les pratiques de gestion de la fertilité du sol par assolement ne sont pas encore ancrées dans les systèmes de culture/production.

- ✓ La gestion de la fertilité des sols en mobilisant des rotations culturales sur le long terme n'est pas prioritaire dans l'itinéraire technique des producteurs. Ceux qui ont bénéficié de formations par des projets/programmes pensent que l'application de fumure organique/compost et d'engrais chimique sont les instruments exclusifs de fertilisation du sol dans la petite irrigation. Les cultures spécialisées pratiquées par d'autres producteurs ont été orientées par des subventions en semences et en fertilisants consenties par des programmes et projets.

5. La gestion des adventices

A l'exception de Tabelot, tous les sites de la PI enquêtés ont développé des pratiques de gestion des adventices mobilisant exclusivement le labour/arrachage/sarclage manuel (sarclo-binage). A Tabelot, les producteurs effectuent un contrôle chimique des adventices, en utilisant différents types d'herbicides chimiques : « Star force » et « Penthalin » sont appliqués essentiellement sur les cultures maraichères (oignon principalement) et céréalières. Aucun cas d'application d'herbicide chimique autour des arbres fruitiers n'a été observé sur les sites enquêtés. Acquis sur les marchés locaux (achats auprès de commerçants à Tabelot ou à Agadez), ces herbicides sont appliqués par les exploitants agricoles sans aucune protection (équipements de sécurité recommandés -habits, gants, bottes-). La fréquence d'application est limitée à deux fois au cours de la saison, avant le repiquage et au moment de la prolifération des mauvaises herbes (deux à trois semaines après le repiquage).

Selon les exploitants agricoles interrogés, l'application d'herbicide chimique sur toute la parcelle en surface mobilise moins d'un homme-jour/hectare (en moyenne 3 heures/ha). Les quantités appliquées ne dépassent pas 2 litres/hectare/saison. Selon ces mêmes chefs d'exploitation, recourir à l'herbicide chimique permet d'empêcher le développement des mauvaises herbes pendant toute la campagne et le coût de revient des herbicides est inférieur à celui qui aurait dû être supportés dans une gestion manuelle des adventices. Toujours selon ceux-ci, plusieurs plantes envahissantes prolifèrent sur les parcelles irriguées à Tabelot que les multiples opérations d'arrachage, de labour, et de sarclage n'ont pas pu éradiquer. La combinaison de pratiques manuelles de gestion des adventices avec l'application d'herbicide chimique permet d'améliorer l'efficacité du désherbage, et ainsi d'éradiquer de manière définitive les plantes invasives dans les parcelles.

Photo 15 : herbicides appliqués sur le site de Tabelot

La manipulation de produits herbicides sans une connaissance satisfaisante de leurs natures constitue un risque important pour la santé des producteurs et des consommateurs.

Les bio-herbicides sont méconnus des exploitants agricoles interrogés, même si certains exploitants agricoles à Tabelot affirment en appliquer sans connaitre leur composition. Ces producteurs confondent en général les bio-insecticides avec les bio-herbicides. Sur la plupart des sites, les producteurs utilisent des produits chimiques qui cumulent plusieurs fonctions : insecticides, herbicides et fongicides (voir sous-section sur les ravageurs). Pour ces exploitants agricoles, seule la fonction d'insecticide est visée dans l'application de ces produits sur les parcelles. Comme indiqué ci-dessus, les pratiques de gestion des adventices sont essentiellement réalisées de façon manuelle par la main d'œuvre familiale et/ou des ouvriers agricoles :

- ✓ ***Dans les systèmes de cultures maraichères***, l'arrachage à la main demeure le principal moyen de lutte contre les mauvaises herbes après les semis au cours du développement des cultures. Le labour permet de contrôler les adventices avant le semis : lors du labour, la parcelle est débarrassée de toutes les herbes indésirables en vue de la préparation des planches. Pendant le cycle cultural, le sarclage et le binage sont réalisés de manière superficielle à la main et/ou avec une binette dans les principales cultures maraichères (oignon, tomate, aïl, chou, laitue, carotte, piment, etc.). Sur les parcelles enquêtées, le sarclo-binage est réalisé pour toutes les cultures au moins deux semaines après le semis ou le repiquage. Le contrôle des adventices est l'une des activités de l'itinéraire technique qui mobilise le plus de main d'œuvre pendant les saisons agricoles : en fonction de l'organisation de la parcelle exploitée, cette pratique peut mobiliser 20-30 HJ/ha en SSC et 20-40 HJ/ha en SSF et en hivernage. La gestion des adventices apparaît peu sensible aux saisons agricoles : elles dépendent beaucoup plus du développement des mauvaises herbes sur la parcelle qui peut intervenir aussi bien en saison sèche et froide, qu'en saison sèche et chaude ou qu'en hivernage.

- ✓ ***Dans les systèmes de culture de type maraichage associé aux cultures céréalières, le traitement des adventices est réalisé selon deux modalités distinctes sur*** les parcelles enquêtées :

- A Téguert, les chefs d'exploitation emploient souvent des ouvriers agricoles pour réaliser des travaux de sarclo-binage. La main d'œuvre mobilisée à cet effet représente près de 60 HJ/ha et par saison (réparties en 3 passages dans la saison).

- Sur le site de Toumga, les chefs d'exploitation utilisent à la fois la main d'œuvre familiale et des ouvriers spécialisés pour la conduite de travaux d'arrachage des mauvaises herbes à raison de deux fois par saison. Ceux-ci mobilisent en moyenne 65 HJ/ha pour le désherbage de leurs parcelles.

- ✓ ***Dans les systèmes de culture de type arboriculture pure,*** les chefs d'exploitation procèdent en général à l'arrachage à la main avec de petits équipements aratoires (houe, daba, hilaire) sur toute la superficie de la parcelle à tout moment de l'année. En hivernage, ils procèdent au moins à un sarclage. La quantité de main d'œuvre mobilisée pour la réalisation de ces travaux d'arrachage des mauvaises herbes est estimée en moyenne à 30 HJ/ha pour une année, en fonction de la densité des arbres fruitiers sur la parcelle.

- ✓ ***Dans les systèmes d'arboriculture associée aux cultures maraichères et céréalières,*** les producteurs procèdent à des travaux d'arrachage et de sarclo-binage au moins 2 fois par saison sur toute la parcelle. Les quantités de travail mobilisées varient d'une parcelle à l'autre : elle est estimée en moyenne à 75 HJ /ha/saison sur tous les sites enquêtés. Comme dans les autres régions enquêtées, ce sont les équipements traditionnels qui sont employés pour la réalisation de ces travaux de traitement manuel des adventices.

La principale contrainte perçue par les exploitants agricoles dans la gestion des adventices sur la plupart des sites de irrigués enquêtés est l'ignorance de méthodes durables d'éradication des mauvaises herbes sur les parcelles. A cette contrainte s'ajoute, selon les chefs d'exploitation enquêtés, le manque de ressources financières pour accéder aux herbicides chimiques. Ils estiment que l'efficacité du contrôle des adventices repose sur la possibilité de ne pas recourir à un herbicide d'origine chimique tout en mobilisant une faible quantité de main d'œuvre à des coûts faibles et en réalisant de manière durable les objectifs qu'ils se sont fixés à court, moyen, et long terme.

Photo 16 : Contrôle mécanique des adventices à Timia oasis

6. La gestion des ravageurs

Les pratiques de gestion des ravageurs sur les parcelles de la PI concernent l'ensemble des moyens et méthodes mobilisés pour lutter contre les organismes considérés comme nuisibles, parce qu'ils sont préjudiciables à la production agricole. Sur les 15 parcelles enquêtées dans le cadre de la caractérisation des systèmes de culture, les principaux ravageurs identifiés sont des insectes et des chenilles qui s'attaquent principalement à l'oignon, à la tomate, au chou, à la laitue, à la pomme de terre, à la carotte, et au poivron. Les problèmes liés aux champignons ne sont pas connus des exploitants agricoles qui affirment ignorer l'existence de produits fongicides.

Contrairement aux régions de Tillabéri et de Tahoua, l'***application exclusive d'insecticides chimiques*** constitue la principale pratique de gestion des ravageurs dans la région d'Agadez. Les insecticides couramment appliqués sont : le « Glomectin 25 cl », le « CONQUEST 88 EC », l'« IRON FORCE », et l'Abamectine. Ces produits chimiques qui sont disponibles sur les marchés hebdomadaires locaux, ainsi qu'à Agadez et à Arlit, ne sont pas tous autorisés par les services techniques. A l'exception de quelques parcelles, les équipements recommandés pour la pulvérisation de ces produits chimiques sont employés conformément aux normes nationales. Les épandages sont réalisés sur toute la parcelle principalement en hivernage et pendant la saison sèche et froide. Les applications s'effectuent le soir au moment où les ravageurs (insectes, chenilles, vers de terre, etc.) attaquent les cultures. Pour la majorité des exploitants interrogés, ces insecticides chimiques sont efficaces. Certains exploitants font toutefois remarquer qu'il est difficile d'accéder aux habitats naturels des ravageurs (clôtures en palissade, notamment). Ils indiquent aussi que les multiples applications ne permettent pas de réduire la prolifération des insectes ni la fréquence des attaques. Chaque application d'insecticides chimiques mobilise au plus 1HJ/ha. Les quantités appliquées varient d'un site à un autre, et surtout d'un système de culture à un autre :

- Les systèmes de cultures maraichères pures, qui absorbent les plus grandes quantités d'insecticides sur les sites de la PI, enregistrent en moyenne des doses 5,5 l/ha de produits commerciaux au cours de chacune des trois saisons, tous produits confondus. Dans les systèmes de cultures maraichères associées aux cultures céréalières, les quantités moyennes appliquées sont estimées à plus de 6 l/ha/saison.
- Les exploitants agricoles appliquent très peu d'insecticides chimiques dans les systèmes d'arboriculture pure, avec en moyenne 500 ml/ha appliqué en saison hivernal. Le principal insecticide utilisé se dénomme « IRON FORCE ».

Photo 16 : produits phytosanitaires appliqués sur les parcelles de la région d'Agadez

Contrairement aux idées reçues, les exploitants agricoles n'appliquent pas d'insecticides ou de bio-insecticides de façon systématique, mais interviennent uniquement s'ils identifient des menaces d'attaques de ravageurs pouvant mettre en péril les récoltes. Dans certains cas, les exploitants appliquent de faibles doses d'insecticides chimiques pendant les périodes à risque (germination, floraison, apparition des fruits) lorsqu'ils perçoivent un danger imminent.

En définitive, les pratiques de gestion des ravageurs prennent en compte les dangers liés à l'application d'insecticides chimiques. Sur la plupart des parcelles enquêtées, les mesures de protection pour réduire les risques de pollution et de contamination des aliments (délai de pulvérisation avant récolte suffisamment long). Par contre, les exploitants agricoles par la PI se sentent abandonnés par les services techniques de l'Etat et leurs organisations de producteurs dans l'identification des menaces, et dans la mise en œuvre de méthodes de lutte intégrée contre les ravageurs plus efficaces et plus protectrices de l'environnement. Ils sont demandeurs d'appui technique face à certains parasites s'attaquant notamment à l'oignon, à la tomate, à l'ail, et aux arbres fruitiers (manguiers notamment).

Une étude, commanditée par le PromAP/GIZ, est en cours de réalisation dans la commune de Timia dans le cadre de l'approfondissement des connaissances sur certains ravageurs de cette zone qui fait face au développement de plusieurs insectes et chenilles. Les oiseaux constituent par ailleurs la principale menace pour les cultures céréalières dans les oasis de Timia et de Tabelot.

7. *La gestion de la récolte et des travaux post récolte*

Considérée comme la période charnière séparant la phase de production des opérations post-récolte, la récolte comprend l'ensemble des travaux agricoles permettant aux producteurs de collecter, au terme de la campagne agricole, les plantes, les fruits et les légumes cultivés par cueillette, fauchage, arrachage ou tout autre moyen. Sur les sites irrigués en PI enquêtés dans la région d'Agadez, les modalités de réalisation des récoltes dépendent de deux facteurs :

- ✓ ***Le besoin pressant de liquidité pour faire face aux dépenses courantes familiales ou à d'autres dépenses imprévues*** qui oblige fréquemment les producteurs à vendre leurs cultures soit avant maturité, directement après la récolte, en détail ou en gros, sans transformer ou chercher à conserver leurs produits.
- ✓ ***La nature des cultures.*** Certains produits agricoles sont hautement périssables. D'autres se prêtent à la vente sur pieds. C'est principalement à Tabelot et à Intideynawen que certains exploitants agricoles procèdent à la vente sur pied des fruits (mangue et datte) et des légumes (poivron et tomate) pour assurer les dépenses courantes de la famille.

Dans la région d'Agadez, les pratiques de gestion de la récolte et des opérations post récolte dépendent principalement des modalités de financement et d'organisation de la production au cours de la saison. Sur les sites de Tabelot, Timia, Téguert et d'Intideynawen, les intermédiaires commerciaux jouent un rôle essentiel dans la mise en œuvre de ces activités qui sont en général conduites par la main d'œuvre familiale et des ouvriers agricoles.

Sur tous les sites enquêtés, il existe des relations contractuelles de prestation de service entre certains chefs d'exploitation et des ouvriers agricoles qui ouvrent droit pour ces derniers à une partie des bénéfices d'exploitation.

Dans certains cas, le chef d'exploitation assure la réalisation de la récolte et le conditionnement des produits avant leur transport vers les grands centres urbains

(Agadez, Arlit), où les intermédiaires commerciaux seront chargés d'assurer la commercialisation des marchandises reçues. Seules les principales cultures de rente (oignon, aïl, fruits, pomme de terre, poivron, etc.) sont concernées par ces transactions. En général, les céréales sont réservées à la consommation du ménage ou vendues sur les marchés locaux. De même, une partie de la récolte de fruits est vendue aux consommateurs locaux ou consommée par les membres de la famille. Dans le cas de la production de dattes sur les sites de Timia oasis et de Téguert, un séchage est effectué en vue de la conservation d'une partie de la production qui est destinée à la consommation du ménage[27].

Depuis quelques années, un chef d'exploitation du site de Timia oasis prépare et organise une foire de commercialisation des produits de la PI dans les rues et sur les principaux carrefours de la ville de Niamey.

En ce qui concerne le conditionnement des produits agricoles, la région d'Agadez se particularise d'une part par l'utilisation de sacs de 50 kg pour les cultures d'oignon et d'ail, et d'autre part par l'emploi de caisses ou de cartons de 40-50 kg (Tabelot, Timia et Téguert) et 25 kg (Toumga, Intideynawen) pour la tomate. En revanche, le conditionnement du chou est réalisé avec des sacs de 100 kg, comme dans les régions de Tahoua et de Tillabéri.

Les fruits (orange, grenadine, pamplemousse, citron, mandarine, clémentine) sont généralement conditionnés dans des sacs ou des cartons de 40 kg à 50 kg. Ces travaux de conditionnement mobilisent à la fois la main d'œuvre familiale et les ouvriers agricoles.

Sur les sites de Tabelot, Timia oasis, et Téguert, les unions de coopératives et les intermédiaires commerciaux disposent de camions de 10 tonnes qui sont mis à la disposition de leurs membres pour transporter les produits agricoles conditionnés. Le transport des marchandises par ces « camions communautaires » est réalisé de manière groupée, selon un « quota » attribué à chaque chef d'exploitation et selon un calendrier établi en fonction des demandes. Les coûts du transport des productions par sac ou en carton (entre 40 kg et 50 kg) est fixé à 1500 francs CFA. Le nombre de camions disponibles étant insuffisant pour satisfaire toutes les demandes au moment des récoltes, certains exploitants agricoles sont contraints de faire appel aux camions privés dont les coûts sont plus élevés (près de 1 750 francs CFA par sac de 40 kg ou 50 kg).

Sur les deux autres sites, ce sont des transporteurs locaux et d'Arlit, disposant de camionnettes (2 à 5 tonnes), qui assurent le transport des marchandises entre les sites de production et la ville d'Arlit principalement. Une partie des produits agricoles de Toumga est commercialisée à Agadez. Sur ces sites irrigués en PI, les exploitants agricoles ont indiqué que certains intermédiaires commerciaux (haoussa) viennent d'Arlit pour acheter les cultures de rente (oignon, aïl, poivron,

[27] Les dattes séchées rentrent dans la préparation de la boule de mil dans le massif de l'Aïr.

moringa, tomate, piment, fruits) sur les parcelles. Dans ce cas, ces intermédiaires assurent le conditionnement de leurs produits et se chargent du transport. En général, le transport des marchandises est préfinancé par les intermédiaires commerciaux. Dans certains cas, le transporteur des marchandises est payé après leur commercialisation. Sur les sites de Tabelot, Timia oasis, et Téguert, il arrive souvent que les recettes issues de la vente des marchandises transportées ne couvrent pas les coûts de transport. Certains exploitants agricoles indiquent être contraints de vendre à bas prix les marchandises transportées pour faire face à certaines dépenses résultant de la récolte et des travaux post récolte.

Comme dans les autres régions enquêtées, les activités de transformation et de conservation restent limitées à quelques légumes (oignon, poivron) et fruits (datte principalement) et sont réalisées de manière artisanale sur de faibles quantités. La majorité des exploitants agricoles n'ont pas la capacité à conditionner, conserver, et transformer la récolte. Ceci résulte d'une part d'un manque de moyens financiers qui leur permettraient d'attendre des moments favorables de vente et ainsi, de mieux valoriser leurs productions respectives, et d'autre part de l'absence d'infrastructures de conservation et de transformation des produits maraichers.

Dans tout le massif de l'Aïr, le séchage naturel (au soleil) des dattes, du poivron, et de la tomate est couramment pratiqué. Pour les dattes, certains exploitants agricoles procèdent au séchage de la totalité de leurs récoltes dans l'oasis de Timia. Sur les autres sites, la proportion de producteurs effectuant un séchage ne dépasse guère 50%. Les plus faibles proportions de producteurs réalisant un séchage sont observées à Intideynawen et à Toumga. Sur d'autres cultures, les exploitants agricoles n'ont guère le choix : ils sont contraints de sécher les productions invendues pour éviter des pertes.

Comme ailleurs au Niger, les exploitants agricoles produisent les mêmes produits agricoles au même moment. Chaque producteur est conscient de la nécessité de vendre au plus vite avant les périodes de forte abondance des produits maraichers sur les marchés. La peur de la mévente et de la vente à perte a conduit les producteurs engagés dans la PI à s'organiser eux-mêmes avant les opérations de récolte pour trouver des débouchés et diversifier leurs revenus. L'absence de structures organisées de commercialisation des produits de la Petite Irrigation et les incertitudes qui en résultent ont façonné les systèmes de récolte/post récolte sur les cinq sites.

Les résidus de récolte peuvent avoir plusieurs destinations :

- ✓ Ils sont généralement laissés sur les parcelles pour permettre aux animaux de les pâturer. Les chefs d'exploitation pratiquant l'embouche collectent certains résidus pour l'alimentation du bétail.

- ✓ A Téguert, les résidus sont vendus aux éleveurs qui, à leur tour, vendent aux exploitants agricoles la fumure organique. Le troc est la modalité d'échange la plus fréquente entre éleveurs et exploitants agricoles.
- ✓ A Tabelot, Intideynawen, et Toumga, plusieurs exploitants agricoles affirment utiliser ces résidus de récolte pour la fertilisation de leurs parcelles.
- ✓ A Timia oasis et à Téguert, certains exploitants agricoles brûlent les résidus restants avant de réaliser un labour.

Le temps de travail consacré à la récolte et aux opérations post récolte dépend de plusieurs facteurs :

- ✓ ***Dans le système de cultures maraichères pures***, les graphiques 17-18 montrent que les opérations de récolte durent plus longtemps et mobilisent plus de main d'œuvre sur le site de Tabelot que sur l'autre site enquêté. Sur ce dernier site, les parts auto-consommées sont plus importantes, et les rendements à l'hectare sont plus faibles. Les contraintes rencontrées dans le transport des marchandises sont moins fortes à Intideynawen où la demande de prestations de services pour le transport des produits agricoles est plus faible, qu'à Tabelot.

Graphique 17 : Durée de la récolte (en jours) et quantités de travail mobilisées (en HJ/ha) selon la saison pour les travaux de récolte à Tabelot dans le système de cultures maraichères

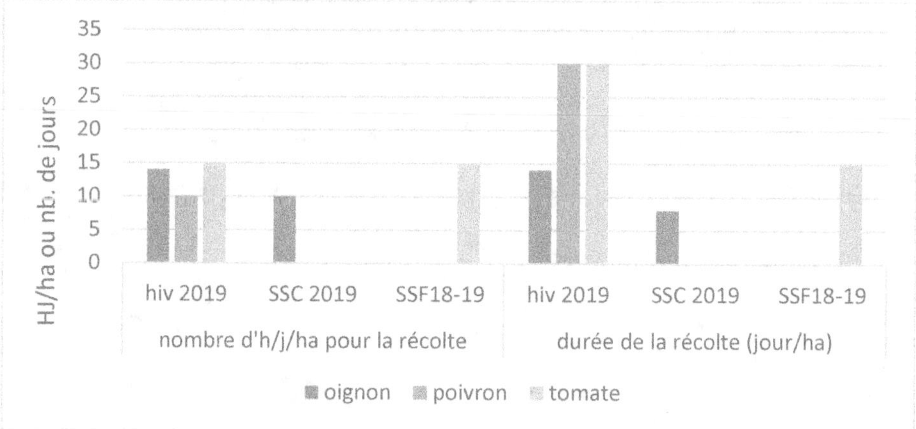

Graphique 18 : Durée de la récolte (en jours) et quantités de travail mobilisées (en HJ/ha) selon la saison pour les travaux de récolte à Intideynawen dans le système de cultures maraichères

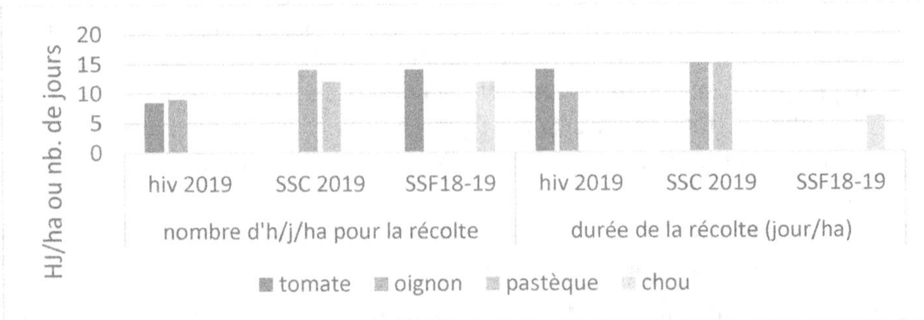

✓ ***Dans les systèmes de cultures maraichères associées aux cultures céréalières,*** les modalités de récolte sont déterminées par les objectifs de l'exploitant agricole. Ces objectifs influent sur les rendements agricoles obtenus. Les graphiques 19-22 montrent que la quantité de travail mobilisée dépend des rendements réalisés, alors que la durée de la récolte est définie par la nature des cultures (étalement de la maturation). Les récoltes de l'oignon, de l'ail, du blé, du maïs, et de l'orge s'étalent sur de courtes périodes alors que celles de piment, de poivron, et de tomate s'étalent sur des périodes plus longues pouvant dépasser le mois dans certains cas. Cependant, plus les rendements sont élevés, plus le chef d'exploitation mobilise une quantité importante de main d'œuvre pour sa récolte.

Graphique 19 : Durée de la récolte (en jours) et quantités de travail mobilisées (en HJ/ha) selon la saison pour les travaux de récolte dans le système de cultures maraichères associées aux cultures céréalières sur le site de Toumga (parcelle 1)

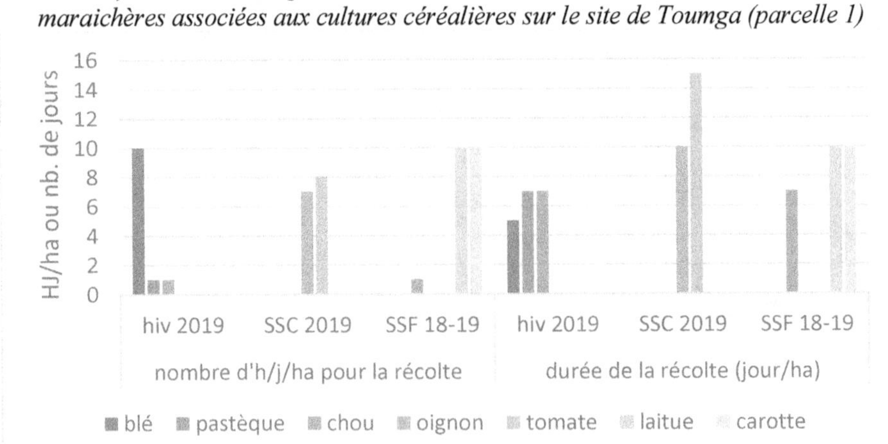

Graphique 20 : Durée de la récolte (en jours) et quantités de travail mobilisées (en HJ/ha) selon la saison pour les travaux de récolte dans le système de cultures maraichères associées aux cultures céréalières sur le site de Toumga (parcelle 2)

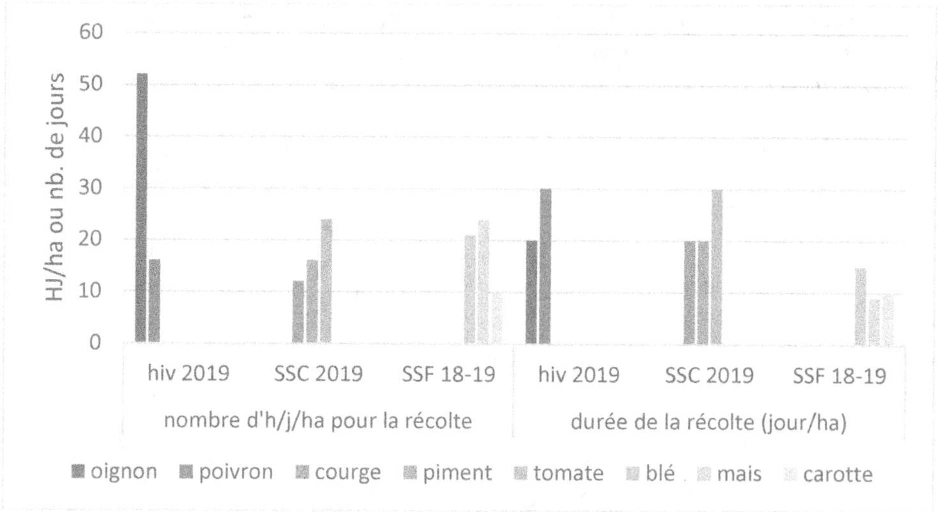

Graphique 21 : Durée de la récolte (en jours) et quantités de travail mobilisées (en HJ/ha) selon la saison pour les travaux de récolte dans le système de cultures maraichères associées aux cultures céréalières sur le site de Téguert (parcelle 1)

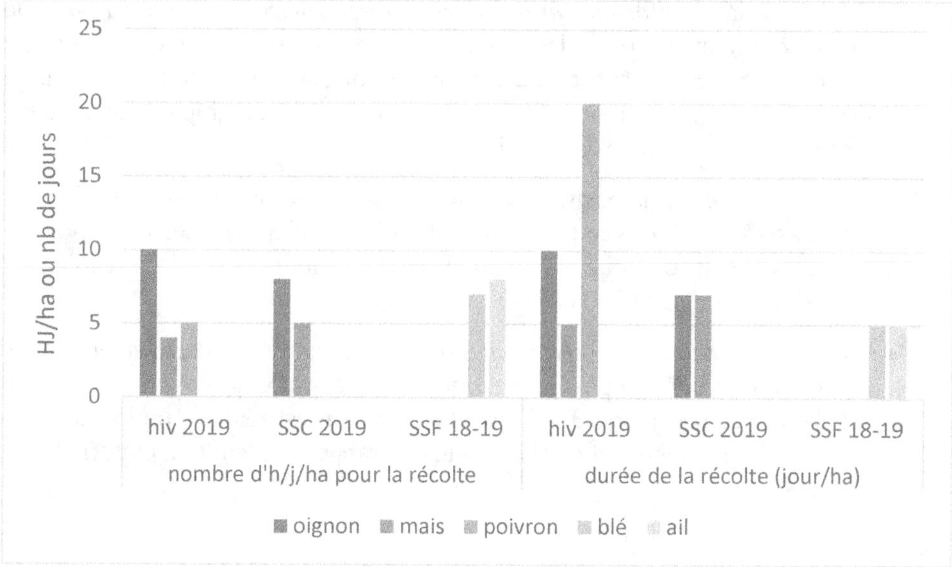

Graphique 22 : Durée de la récolte (en jours) et quantités de travail mobilisées (en HJ/ha) selon la saison pour les travaux de récolte dans le système de cultures maraichères associées aux cultures céréalières sur le site de Téguert (parcelle 2)

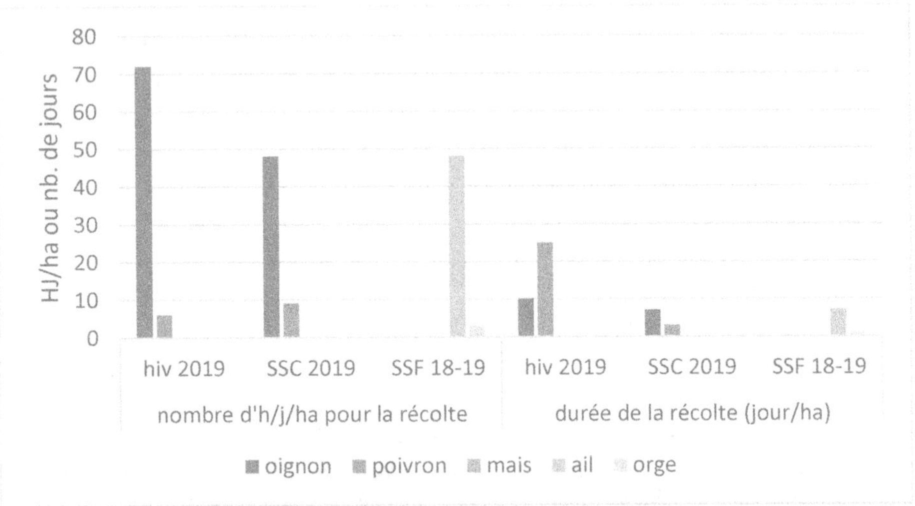

✓ ***Dans le système d'arboriculture (Graphiques 23-25 et tableaux 13-15),*** la durée des récoltes dépend des types d'arbres fruitiers présents sur la parcelle. En revanche, les quantités de travail mobilisées sont déterminées par la densité et la productivité des arbres fruitiers[28]. Les graphiques ci-après permettent de tirer deux conclusions :

- Sur le site de Timia oasis, la densité des arbres fruitiers est très élevée pour le massif de l'Aïr avec plus de 1000 arbres fruitiers par hectare. Sous ces conditions, la quantité de main d'œuvre mobilisée pour la récolte est maximale sur ce site de la PI.
- Les durées de récolte des agrumes (citron, orange, mandarine/clémentine, pamplemousse) sont plus longues que celle des autres arbres fruitiers. Selon les producteurs interrogés, la récolte du raisin est réalisée rapidement, en raison des ravageurs et de la fragilité de grappes parvenues à maturité.

[28] Les calculs d'HJ/ha ont été réalisés à partir des quantités de main d'œuvre mobilisées sur la parcelle par culture, les superficies exploitées par culture, la densité des arbres observée sur la parcelle (tableau présenté à la suite du graphique). Ainsi, ce calcul est établi sur la base de rendements d'échelle constants.

Graphique 23 : Durée de la récolte (en jours) et quantités de travail mobilisées (en HJ/ha) selon la saison pour les travaux de récolte dans le système d'arboriculture pure sur le site de Timia Oasis

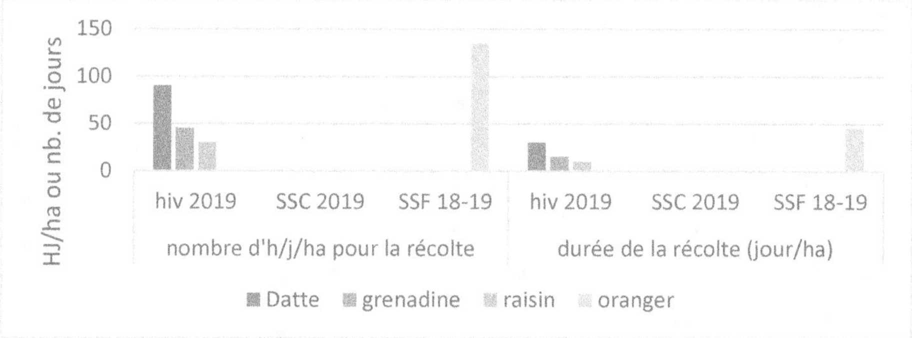

Tableau 13 : Densité d'arbres fruitiers dans le système d'arboriculture sur une parcelle de Timia oasis

Arbres fruitiers	Nombre d'arbres fruitiers présents sur la parcelle	Nombre d'arbres fruitiers ayant produit des fruits au cours de l'année 2019
Dattier	50	50
Grenadine	10	10
Raisin	5	5
Oranger	54	54

Graphique 24 : Durée de la récolte (en jours) et quantités de travail mobilisées (en HJ/ha) selon la saison pour les travaux de récolte à Téguert dans le système d'arboriculture pure

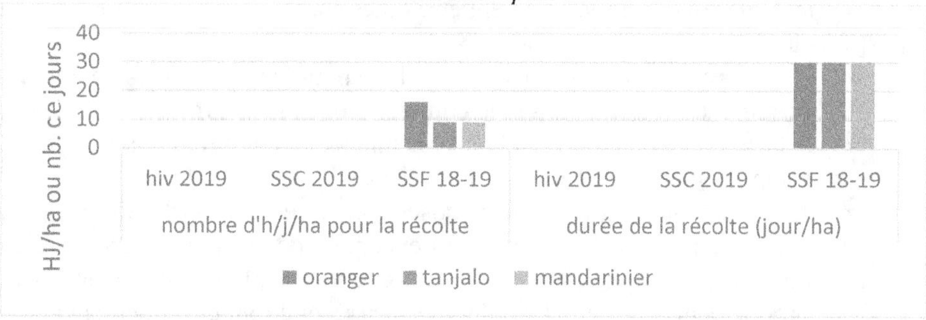

Tableau 14 : Densité d'arbres fruitiers présents sur la parcelle enquêtée dans le système d'arboriculture pure à Téguert

Arbres fruitiers	Nombre d'arbres fruitiers présents sur la parcelle	Nombre d'arbres fruitiers ayant produit des fruits au cours de l'année 2019
Oranger	40	40
Tanjalo	15	15
Mandarinier	15	15

Graphique 25 : structure de la quantité de travail mobilisée par hectare et par saison dans le système de l'arboriculture pure sur le site de Tabelot

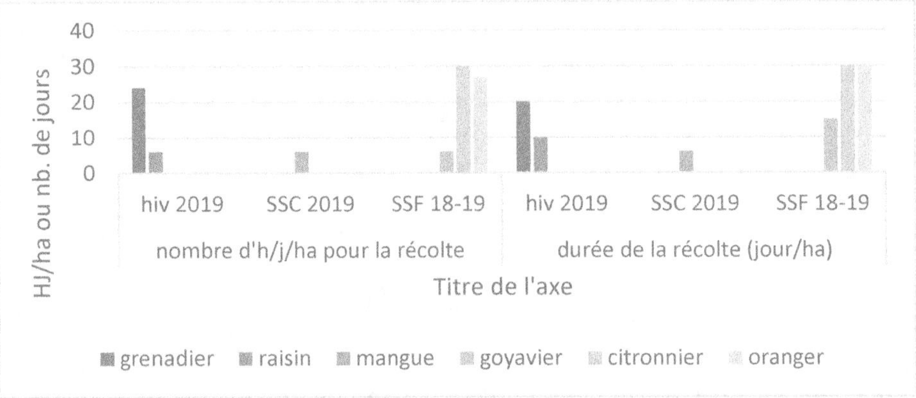

Tableau 15. Densité d'arbres fruitiers présents sur la parcelle enquêtée pour le système d'arboriculture pure à Tabelot

Arbres fruitiers	Nombre d'arbres fruitiers présents sur la parcelle	Nombre d'arbres fruitiers ayant produit des fruits au cours de l'année 2019
Grenadine	21	21
Raisin	10	10
Oranger	121	121
Citronnier	35	30
Manguier	9	5
Goyavier	14	11

Trois principales observations peuvent être faites sur les opérations de récolte et post-récolte :

- ✓ Aucun système mécanisé n'est employé pour la récolte et les opérations post récolte. Les récoltes et le conditionnement des produits se réalisent à la main, en s'aidant, selon la nature de la culture, de petits outils (binette ou petit couteau en particulier).
- ✓ Les exploitants agricoles ne disposent généralement pas de leurs propres équipements pour le transport, à l'exception de quelques intermédiaires commerçants qui sont aussi des chefs d'exploitation locaux. Les producteurs qui veulent transporter leur récolte font généralement appel soit aux unions de coopératives, soit à des transporteurs privés de marchandises sous la forme de prestations de services.
- ✓ La main d'œuvre familiale constitue la principale force de travail intervenant dans la réalisation de la récolte et des opérations post-récoltes, comme pour les autres chantiers de l'itinéraire technique. Cependant, le recours à la main d'œuvre extérieure demeure nécessaire pour réduire les pertes sur certaines parcelles où les quantités à récolter sont importantes. La main d'œuvre extérieure est généralement

disponible à partir de la SSF, c'est-à-dire après que les récoltes aient eu lieu dans les régions du sud du pays. De ce fait, la récolte réalisée lors de la saison hivernale est souvent réalisée par les chefs d'exploitation et de la main d'œuvre familiale. A Tabelot, Timia oasis et Téguert notamment), les peulhs woodabé sont devenus des ouvriers spécialisés dans le labour, la confection des planches, le repiquage des légumes, et la récolte des cultures de rente

Notes finales sur le système de culture

Les choix en matière de système de culture/calendrier cultural/itinéraires techniques/pratiques culturales sont principalement individuels sur les sites enquêtés de la région d'Agadez. Sur tous les sites enquêtés, certaines pratiques communautaires (traditionnelles) subsistent toutefois et contribuent à maintenir des pratiques durables de gestion des activités productives.

Les exploitants agricoles enquêtés dans la région d'Agadez sont mieux organisés que ceux des autres régions enquêtées. Ils s'inscrivent dans une dynamique endogène à l'essence communautaire dans le développement des systèmes de cultures/systèmes de production. Leurs choix techniques et culturaux sont plus collectifs qu'individuels malgré la tendance forte à recourir à des solutions individuelles lors de crises ponctuelles (mévente, contraintes dans la mise en œuvre de l'itinéraire technique, etc.). Contrairement à la région de Tahoua où les exploitants agricoles ont développé des réflexes de recours systématique aux projets/programmes de développement, les communautés locales ont développé depuis plusieurs siècles une forte capacité de résilience par la mise en œuvre de solutions endogènes aux contraintes techniques, organisationnelles, et institutionnelles auxquelles elles font face.

Les producteurs enquêtés estiment que leurs choix en termes de pratiques culturales leur ont permis d'être efficaces à la fois dans la gestion durable des terres et de l'eau, et dans l'atteinte de leurs objectifs de rentabilité économique. Pour tous les exploitants agricoles interrogés, les choix communautaires et individuels en matière de systèmes de culture/calendrier cultural/pratiques dans l'itinéraire technique ont contribué principalement à améliorer l'efficacité dans la réponse aux besoins du marché et donc la rentabilité économique de la production, tout en mettant en place des systèmes efficaces de gestion des terres et de l'eau.

Plusieurs innovations technologiques sont à l'origine des performances économiques et agronomiques observées sur tous les sites de la PI enquêtés :

- ✓ Le recours au tracteur pour le labour se généralise sur tous les sites irrigués, mêmes les plus reculés du massif de l'Aïr, et ce y compris dans des zones enclavées. A cela s'ajoute la constitution d'une main d'œuvre spécialisée dans le labour et la confection des planches qui a favorisé la maitrise des techniques de préparation du sol, et surtout contribué à introduire des innovations dans les pratiques de préparation du sol (sillon, billon, exploitation optimale de l'espace de la parcelle, etc.).

- ✓ La diffusion du réseau californien et de réserves d'eau (grands et petits bassins de stockage d'eau) a permis aux exploitants agricoles de développer des pratiques durables de gestion de l'eau. L'utilisation courante de gaz butane domestique comme combustible préférentiel pour l'alimentation des motopompes a jeté les bases d'une intensification de la production agricole irriguée dans la région d'Agadez. Cette innovation peut être vue comme une réponse endogène aux contraintes liées à l'usage des motopompes à essence. Par ailleurs, les investissements privés réalisés dans les équipements solaires d'exhaure/irrigation constituent une avancée majeure dans la mobilisation de ressources renouvelables pour le développement de la PI, et dans l'affectation d'investissements productifs contribuant à la formation brute de capital fixe dans un sous-secteur sous perfusion depuis plusieurs décennies.
- ✓ La diversification des cultures, avec un développement de l'arboriculture commerciale autour de nouveaux fruits qui étaient jusque-là importés : raisin, mandarine, clémentine, orange, etc.

E. Mobilisation de la main d'œuvre dans les différents systèmes de culture

Les caractéristiques biophysiques et économiques des parcelles irriguées jouent sur la mobilisation de main d'œuvre au niveau de chaque système de culture. Dans cette sous-partie, nous comparons l'intensité de mobilisation de la main d'œuvre et l'effet de cette mobilisation sur le processus de création de valeur. A chaque système de culture est associé à une période spécifique de mobilisation de la main d'œuvre qui est elle-même déterminée par la nature des cultures réalisées. Par conséquent, cette évaluation de la main d'œuvre mobilisée par système de culture rend compte aussi des différences saisonnières dans l'emploi de la force de travail sur les sites de PI enquêtés.

E1. Main d'œuvre mobilisée dans le système de cultures maraichères

Contrairement à la région de Tahoua, les systèmes de cultures maraîchères pratiqués dans la région d'Agadez sont caractérisés par un recours prépondérant à la main d'œuvre familiale, notamment sur les sites d'Intideynawen, de Toumga et de Téguert (Graphique 26 ci-dessous). Dans la région d'Agadez, le système de cultures maraichères pures est mis en œuvre par des chefs d'exploitation vulnérables, qui ne disposent généralement pas des ressources nécessaires pour diversifier les cultures qu'ils réalisent sur leurs parcelles. A Intideynawen et à Toumga, des femmes veuves ou divorcées exploitent les parcelles qu'elles ont héritées soit de leur mari, soit de leurs parents. Elles se font aider de leurs enfants et d'autres membres de la famille. Dans ce type de système de cultures, il est extrêmement rare que des ouvriers agricoles soient recrutés par le chef d'exploitation. En effet, les revenus d'exploitation dont il dispose sont insuffisants pour satisfaire ses besoins courants. Ce type de système de culture est marginal sur tous les sites enquêtés[29]. Enfin, les superficies cultivées selon cette modalité ne dépassent pas 1 hectare sur tous les sites enquêtés.

Graphique 26 : structure de la main d'œuvre employée dans le système de cultures maraichères

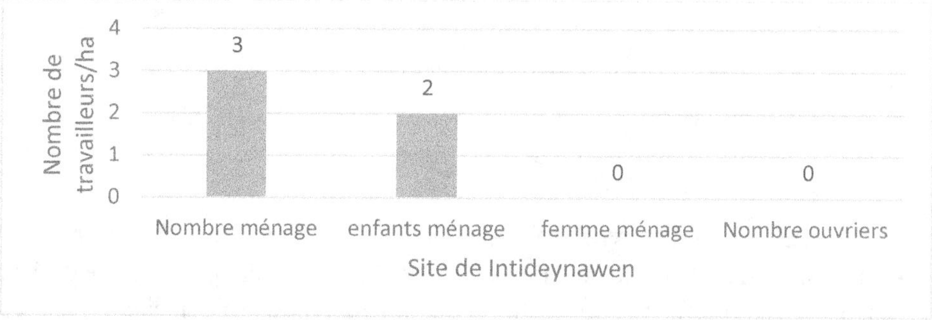

E2. Main d'œuvre mobilisée dans le système de cultures maraichères associées aux cultures céréalières

Les systèmes de cultures de type maraichage associé aux cultures céréalières sont présents sur la plupart des sites de la région d'Agadez. Ce type de système repose sur un recours combiné à de la main d'œuvre familiale et des ouvriers agricoles salariés, comme dans les régions de Tahoua et Tillabéri (Graphique 27). Ce système de culture a pour double objectif la subsistance (cultures céréalières) et le profit (cultures maraichères de rente). L'emploi d'enfants a été observé uniquement sur le site de Tabelot. Certaines femmes réalisent ce type de système de culture à Tabelot, à Intideynawen et à Toumga. Il s'agit en général de femmes membres de groupements féminins (« PI par opportunisme » à Tabelot et Toumga) ou de femmes vulnérables (Intideynawen) qui exploitent leurs propres parcelles. Dans ce cas, les femmes sont aidées par leurs enfants non scolarisés et d'autres membres de la famille. Dans de ce système de culture, les superficies des parcelles exploitées varient entre 0,5 ha (Téguert) et 3 ha (Toumga).

---

[29] Parmi les chefs d'exploitation interrogés, un seul pratique le système de cultures maraichères pures.

Graphique 27 : structure de la main d'œuvre employée dans la mise en œuvre du système de cultures maraichères associées aux cultures céréalières

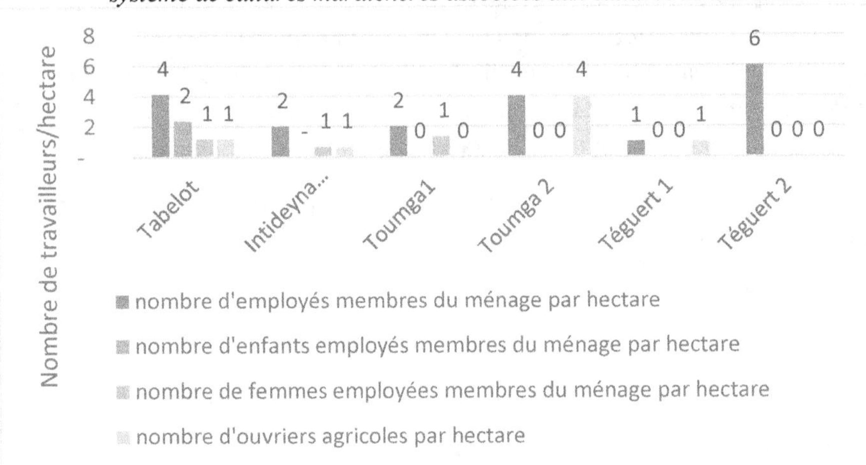

E3. Main d'œuvre mobilisée dans le système d'arboriculture

Dans le massif de l'Aïr, le développement de l'arboriculture pure s'est réalisé en réponse à la forte demande de fruits sur les marchés des principaux centres urbains du pays. Ce système de culture repose principalement sur la mobilisation de la main d'œuvre extérieure, notamment à Tabelot et à Téguert. Le nombre total de travailleurs mobilisés est inférieur à celui observé dans le système de cultures maraichères associées aux cultures céréalières. Les superficies exploitées varient de 0,5 ha (Intideynawen et Téguert) à 1,5 ha (Timia oasis). Dans ce type de système de culture, les chefs d'exploitation indiquent qu'aucun enfant ou femme du foyer n'est employé. Cependant, les enquêteurs ont observé sur certains sites (Timia oasis et Téguert), leur présence active dans la mise en œuvre des travaux d'exhaure/irrigation et d'entretien des arbres fruitiers.

Graphique 28 : structure de la main d'œuvre employée dans le système d'arboriculture

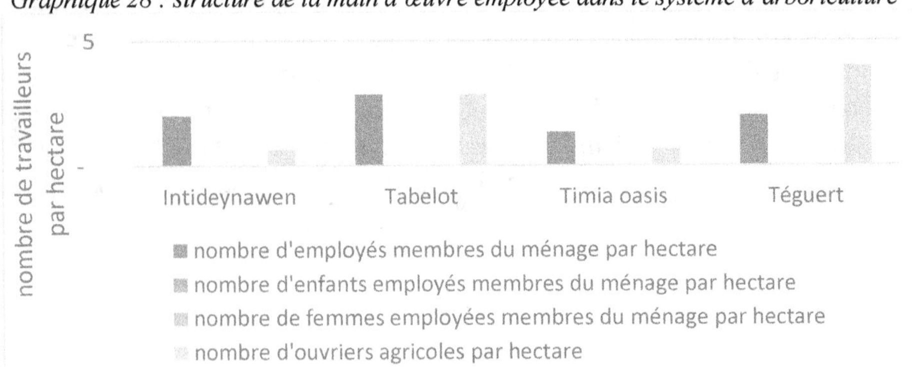

E4. Main d'œuvre mobilisée dans le système d'arboriculture associée aux cultures maraichères et céréalières (Iribakat)

Comme pour les deux systèmes de culture présentés précédemment, la force de travail mobilisée dans ce cas est constituée à la fois de main d'œuvre familiale et d'ouvriers agricoles salariés (Graphique 29). Cependant, la contribution des ouvriers agricoles est plus importante dans ce type de système de cultures que dans les autres systèmes de culture étudiés. Les superficies exploitées sont aussi plus importantes que celles observées dans les autres systèmes de culture (supérieures ou égales à 1 hectare).

Graphique 29 : structure de la main d'œuvre employée dans la mise en œuvre du système de l'arboriculture associée aux cultures maraichères et céréalières

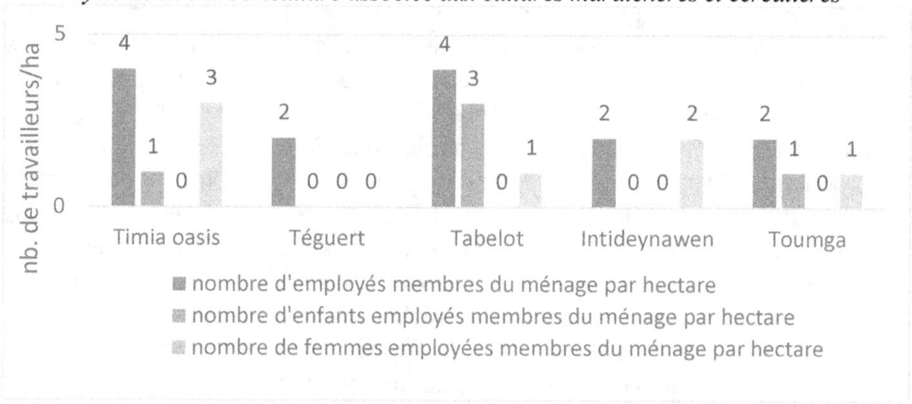

E5. Quantités de travail mobilisé comparées entre les systèmes de culture

Le graphique 30 (ci-après) présente les quantités de travail mobilisées à chacune des étapes de l'itinéraire technique par système de culture et par parcelle. Trois principaux résultats sont à souligner :

(i) La proportion de travail familial varie peu dans les différents systèmes de culture. Les quantités de travail mobilisées à chaque étape de l'itinéraire technique sont, dans une large mesure, équivalentes dans tous les systèmes de culture, à l'exception du système d'arboriculture pure. En d'autres termes, les différences entre les systèmes de culture résultent essentiellement i/ des quantités de travail affectées à chacune des étapes de l'itinéraire technique au niveau de chaque parcelle (et non du système de culture), et ii/ de la quantité de travail mobilisée dans la mise en valeur de chaque parcelle. Les différences d'intensité de mobilisation de la main d'œuvre s'observent plus entre différentes parcelles qu'entre différents systèmes de culture : la taille des parcelles exploitées et le nombre de travailleurs familiaux disponibles jouent un rôle déterminant dans la mobilisation de la main d'œuvre. La quantité de d'œuvre employée dépend peu de la superficie exploitée, ce qui est contre intuitif.

(ii) Au niveau de l'oasis de Timia, le volume global de main d'œuvre employée atteint 328 h HJ/ha pour la parcelle 2, dont la superficie est de 3 ha et qui est mise en valeur par un système d'arboriculture associée aux cultures maraichères et céréalières. Sur le site de Téguert, la parcelle 2 a une superficie de 0 ,5 ha. Elle est mise en valeur selon un système de cultures maraichères associées aux cultures céréalières. La quantité de main d'œuvre mobilisée atteint 1 106 HJ/ha selon les calculs[30]. Ces calculs sont effectués sur la base d'une hypothèse forte de proportionnalité entre les superficies exploitées et la quantité de main d'œuvre mobilisée. Ceci doit être questionné dans le contexte particulier de la région d'Agadez, tout comme dans les autres régions du Niger, où les modes de gestion des exploitations ne reposent sur aucun calcul économique de maitrise des coûts de production. Enfin, la mobilisation de la main d'œuvre ne repose sur aucun critère de rentabilité. Lorsqu'un chef d'exploitation dispose de 5 enfants prêts à l'aider, il ne refuse pas cet appui en expliquant qu'il a atteint le plein emploi de ses facteurs de production. Dans les trois régions enquêtées, le sous-emploi de la main d'œuvre constitue l'un des facteurs de la faible rentabilité des exploitations agricoles, qui gèrent leurs ressources humaines sur un mode informel.

(iii) D'autres activités, non spécifiées, représentent de 38% (cultures maraichères associées aux cultures céréalières sur la parcelle 2 de Toumga) à 66% (arboriculture sur la parcelle 1 de Téguert) du volume global de la main d'œuvre mobilisée par hectare. Ces activités comprennent :

- ✓ La fertilisation du sol avec surtout la collecte, le transport, et l'épandage de fumure organique et du « sable des vallées ».
- ✓ Le conditionnement des récoltes dont le temps de travail n'a pas été compté dans celui de la récolte.
- ✓ Le temps pour la commercialisation directement sur les marchés hebdomadaires et/ou dans les grands centres urbains.
- ✓ Le suivi et la sécurisation de la parcelle qui mobilise au moins une personne chaque jour pendant toute la saison.

Dans ce cas aussi, la quantité de main d'œuvre mobilisée est déterminée par les choix stratégiques d'exploitation des parcelles plutôt que par le type de système de culture.

(iv) Nous n'avons pas pris en compte les temps de travail relatifs au transport, au séchage, et à la transformation dans le calcul des temps de travaux :

---

[30] Les méthodes les plus robustes sont celles qui utilisent la statistique de Box et Jenkins pour déterminer les formules de calcul applicables à travers les modèles ARIMA (voir Box G.E.P. et Jenkins G.M. 1976. *Time Series Analysis: Forecasting and Control*, Holden-Day, San Francisco.)

- ✓ Le transport est réalisé sous la forme de prestations de services. Dans la plupart des cas, les chefs d'exploitation ne voyagent pas avec leurs marchandises ; ils envoient leurs produits agricoles à des intermédiaires commerciaux à Agadez ou à Arlit qui sont chargés de la commercialisation et du paiement des transporteurs.
- ✓ Le séchage et la transformation sont des activités très peu développées qui sont réalisées parallèlement à d'autres travaux, incluant notamment la récolte. Par conséquent, le temps consacré à ces activités est contenu dans celui de la récolte et du conditionnement.

L'analyse comparative des quantités de main d'œuvre mobilisées dans la mise en œuvre de l'itinéraire technique montre que les types de systèmes de culture déterminent assez peu la structure et les quantités de main d'œuvre mobilisée par activité de la main d'œuvre employée. Ce sont plutôt les modalités d'exploitation mises en œuvre par chaque chef d'exploitation qui déterminent in fine les quantités de travail mobilisées et leurs structures au niveau de chaque parcelle. Cela s'explique par l'importance accordée aux performances agronomiques, c'est-à-dire les hauts rendements, qui sont considérées, par les chefs d'exploitation, comme le principal facteur garantissant des résultats d'exploitation élevés. Si la maximisation de la production est un objectif visé par certains producteurs, la minimisation des coûts constitue un préalable nécessaire pour optimiser les performances économiques du système de culture. Sur la plupart des parcelles enquêtées, les stratégies à mettre en œuvre pour maximiser la production ne coïncident pas avec les stratégies à mettre en œuvre pour minimiser les coûts, de telle sorte que les seuils d'efficience ne sont pas respectés au niveau du volume de la main d'œuvre mobilisée, ce qui aboutit à un sous-emploi de la main d'œuvre dans le système de production.

Graphique 30 : Temps de travaux (nb. Journées de travail/ha) comparés entre les différents systèmes de culture dans la région d'Agadez

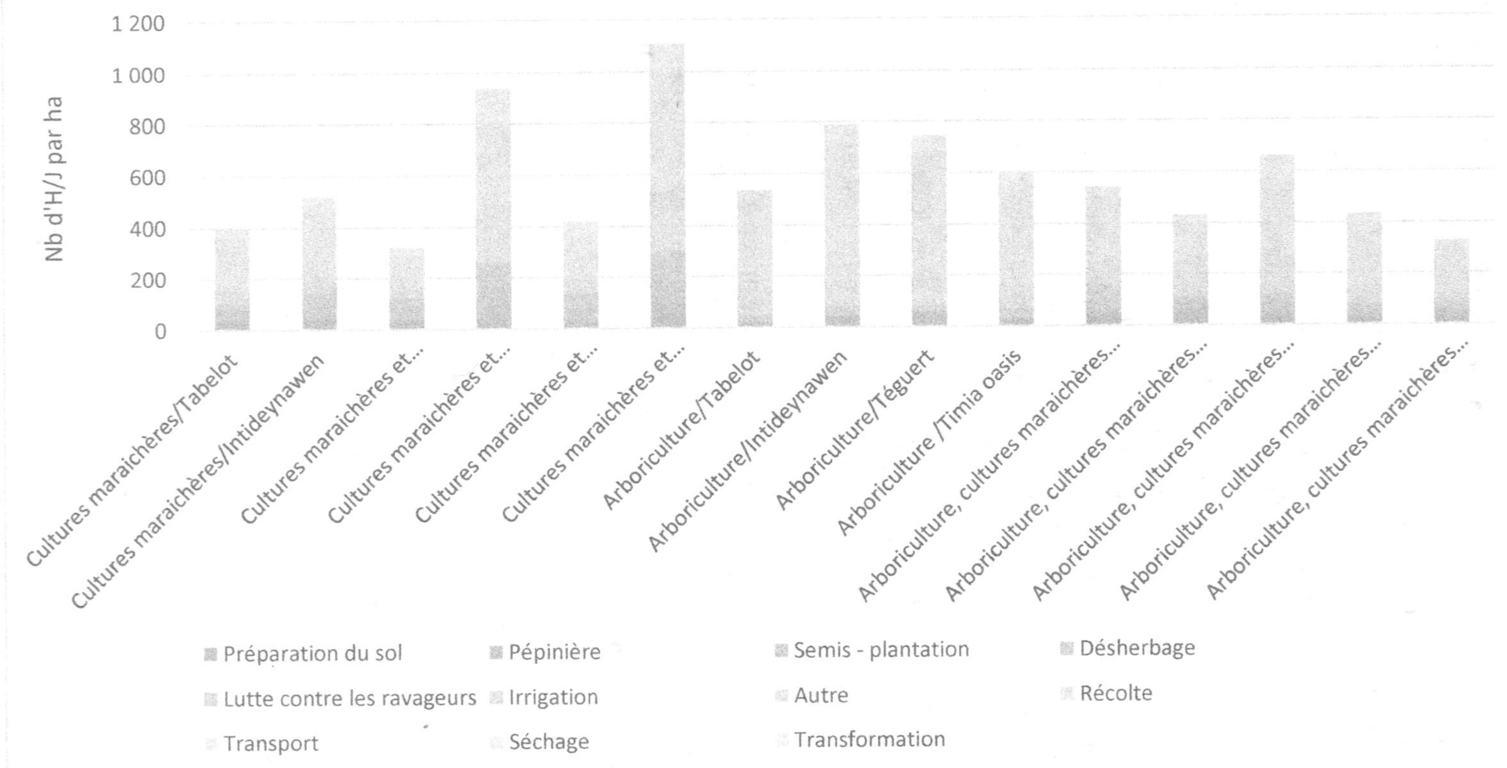

F. Niveaux et affectation de la production par système de culture

F1. Niveaux et affectation de la production dans le système de cultures maraichères

L'analyse des rendements et de la répartition de la production selon sa destination dévoile trois principales caractéristiques du système de cultures maraichères dans la région d'Agadez (tableaux 16-17 ci-dessous) :

- ✓ Les rendements obtenus demeurent relativement faibles pour toutes les cultures sur les deux parcelles enquêtées. Dans la région d'Agadez, ce type de système de culture est généralement mis en œuvre par des chefs d'exploitation vulnérables disposant de peu de ressources, contrairement à la région de Tahoua où les parcelles dédiées au système de cultures maraichères pures appartiennent en général aux grands exploitants agricoles engagés dans la PI.
- ✓ Des pertes importantes sur la tomate ont été mentionnées sur les deux parcelles enquêtées (entre 8% et 20% de la production). Les pertes estimées par les producteurs sur la production de pastèque sont estimées à 5%.
- ✓ La transformation des produits maraichers par les exploitants agricoles est inexistante pour ce type de système de culture sur les sites enquêtés : les taux de transformation relevés par l'enquête sont nuls pour l'ensemble des cultures sur tous les sites enquêtés. Cette absence de transformation des produits maraichers en dépit de conditions précaires de conservation s'explique essentiellement par l'objectif de ce système de culture qui est de générer à très court terme des revenus nécessaires à la subsistance des exploitants agricoles.

Tableau 16 : niveaux réalisés de la production et sa répartition par types d'usage dans le système de cultures maraichères sur le site de Tabelot

Cultures	Campagne	Tabelot (Cultures maraichères)					
		Superficie (ha)	Production (Kg)	Rendement (Kg/ha)	Consommation (%)	Perte (%)	Transformation (%)
oignon	hiv 2019	0,7	2500	3571	10%	0%	0%
poivron		0,02	200	10000	1%	0%	0%
tomate		0,28	1000	3571	15%	20%	0%
oignon	SSC 2019	0,92	2000	2174	11%	0%	0%
tomate		0,08	100	1250	2%	0%	0%

Tableau 17 : niveaux réalisés de la production et sa répartition par types d'usage dans le système de cultures maraichères sur le site d'Intideynawen

Cultures	Campagne	Intideynawen (cultures maraichères)					
		Superficie (ha)	Production (Kg)	Rendement (Kg/ha)	Consommation (%)	Perte (%)	Transformation (%)
tomate	hiv 2019	0,5	1500	3000	2%	8%	0%
oignon		0,5	2000	4000	0%	0%	0%
pastèque	SSC 2019	0,2	400	2000	3%	5%	0%
oignon		0,8	2500	3125	0%	0%	0%
tomate	SSF 18-19	0,8	2500	3125	10%	10%	0%
chou		0,2	1200	6000	0%	0%	0%

F2. Niveaux et affectation de la production dans le système de cultures maraichères associées aux cultures céréalières

Dans la région d'Agadez, les céréales cultivées dans ce système de culture sont le maïs, le blé et l'orge. Ces cultures sont destinées exclusivement à la consommation du ménage. Elles sont transformées et conservées au sein du ménage. Dans de rares cas, les céréales sont produites pour être commercialisées (parcelle 1 de Toumga). Sur toutes les parcelles enquêtées, les rendements obtenus sont modestes, très en dessous des moyennes nationales (Tableaux 18-21). Sur la composante « culture maraichère » de ce système de culture, les rendements obtenus sont faibles, à l'exception de la parcelle 2 du site de Toumga où les producteurs estiment avoir réalisé des rendements de 32,5 tonnes / ha pour l'oignon et de 45 tonnes / ha pour la courge. La faiblesse des rendements généralement obtenus s'explique essentiellement par la nature de ce système de culture qui vise deux objectifs conjoints : assurer la subsistance du ménage sur le plan céréalier et générer des revenus monétaires nécessaires à la satisfaction des autres besoins de la famille.

De manière générale, la part de la production affectée à la consommation familiale reste très élevée sur la plupart des parcelles enquêtées (au moins 30% de la récolte). La transformation des produits agricoles répond exclusivement à un besoin de subsistance et non à la commercialisation du produit transformé comme cela est le cas sur certains sites des régions de Tahoua et de Tillabéri.

Tableau 18 : niveaux réalisés de la production et sa répartition par types d'usage dans le système de cultures maraichères associées aux cultures céréalières sur la parcelle 1 du site de Toumga

Cultures	Campagne	Toumga parcelle 1 (cultures maraichères et céréalières)					
		Superficie (ha)	Production (Kg)	Rendement (Kg/ha)	Consommation (%)	Perte (%)	Transformation (%)
blé	hiv 2019	0,5	500	1000	2%	5%	2%
pastèque		0,5	150	300	0%	0%	0%
chou		0,5	210	420	5%	0%	5%
oignon	SSC 2019	0,75	1350	1800	0%	0%	0%
tomate		0,75	1000	1333	7%	3%	7%
laitue	SSF 18-19	0,5	1500	3000	10%	0%	10%
carotte		0,5	1000	2000	20%	10%	20%
chou		0,5	180	360	0%	0%	0%

Tableau 19 : niveaux réalisés de la production et sa répartition par types d'usage dans le système de cultures maraichères associées aux cultures céréalières sur la parcelle 2 du site de Toumga

Cultures	Campagne	Toumga parcelle 2 (cultures maraichères et céréalières)					
		Superficie (ha)	Production (Kg)	Rendement (Kg/ha)	Consommation (%)	Perte (%)	Transformation (%)
oignon	hiv 2019	0,4	13000	32500	0%	0%	0%
poivron		0,1	1500	15000	0%	0%	0%
courge	SSC 2019	0,02	900	45000	0%	0%	0%
piment		0,03	1000	33333	0%	0%	0%
tomate		0,45	1500	3333	0%	0%	0%
blé	SSF 18-19	0,4	400	1000	100%	0%	100%
mais		0,05	350	7000	100%	0%	100%
carotte		0,05	100	2000	0%	0%	0%

Tableau 20 : niveaux réalisés de la production et sa répartition par types d'usage dans le système de cultures maraichères associées aux cultures céréalières sur la parcelle 1 du site de Téguert (Timia hors oasis)

Cultures	Campagne	Téguert parcelle 1 (cultures maraichères et céréalières)					
		Superficie (ha)	Production (Kg)	Rendement (Kg/ha)	Consommation (%)	Perte (%)	Transformation (%)
mais	hiv 2019	0,5	150	300	100%	0%	100%
oignon		1	4500	4500	0%	0%	0%
poivron		0,5	100	200	0%	0%	0%
mais	SSC 2019	1	100	100	100%	0%	100%
oignon		1	2500	2500	0%	0%	0%
blé	SSF 18-19	1	2500	2500	100%	0%	100%
ail		1	500	500	0%	0%	0%

Tableau 21 : niveaux réalisés de la production et sa répartition par types d'usage dans le système de cultures maraichères associées aux cultures céréalières sur la parcelle 2 du site de Téguert (Timia hors oasis)

Cultures	Campagne	Téguert parcelle 2 (cultures maraichères et céréalières)					
		Superficie (ha)	Production (Kg)	Rendement (Kg/ha)	Consommation (%)	Perte (%)	Transformation (%)
oignon	hiv 2019	0,4	6500	16250	0%	0%	0%
poivron		0,1	100	1000	0%	0%	0%
oignon	SSC 2019	0,4	2500	6250	0%	0%	0%
mais		0,1	100	1000	100%	0%	100%
ail	SSF 18-19	0,25	250	1000	0%	0%	0%
orge		0,25	75	300	100%	0%	100%

F3. Niveaux et affectation de la production dans le système d'arboriculture

Identifié sur 4 sites enquêtés dans la région d'Agadez, les systèmes d'arboriculture pure sont des systèmes récents qui tentent de répondre à la forte demande de fruits dans les centres urbains. Dans le massif de l'Aïr, l'arboriculture était autrefois développée dans des systèmes de cultures associant les céréales et les légumes aux arbres fruitiers. La forte demande sur les marchés domestiques a encouragé les exploitants agricoles de la région, expérimentés dans les cultures fruitières, à s'engager dans ce type de système de culture plus spécialisé. Ce type de système de culture est essentiellement orienté vers le marché même si, comme cela apparait au niveau des tableaux 22-25 ci-dessous, des taux d'autoconsommation relativement élevés sont relevés sur certaines parcelles (parcelle de Tabelot). Dans la région d'Agadez, les principaux arbres fruitiers cultivés sont le dattier, l'oranger, le Grenadine et le citronnier. Le greffage des fruitiers est développé. Il permet aux exploitants de diversifier leur production (clémentine, mandarine, Tanjalo, pamplemousse, etc.). Dans ce type de système de cultures, seules les dattes font l'objet de transformation et de conservation sur les sites enquêtés.

Tableau 22 : niveaux réalisés de la production et sa répartition par types d'usage dans le système d'arboriculture pure sur une parcelle du site de Tabelot

Cultures	Tabelot (arboriculture pure)					
	Superficie (ha)	Production (Kg)	Rendement (kg/ha)	Consommation (%)	Perte (%)	Transformation (%)
oranger	0,1	3500	35000	14%	0%	0%
citronnier	0,1	750	7500	30%	0%	0%
Grenadine	0,1	2500	25000	4%	0%	0%
manguier	0,1	150	1500	2%	0%	0%
raisin	0,1	100	1000	20%	0%	0%
goyavier	0,1	50	500	100%	0%	0%
moringa	0,1	150	1500	33%	0%	0%

Tableau 23 : niveaux réalisés de la production et sa répartition par types d'usage dans le système de l'arboriculture pure sur une parcelle d'Intideynawen

Cultures	Intideynawen (arboriculture pure)					
	Superficie (ha)	Production (Kg)	Rendement (Kg/ha)	Consommation (%)	Perte (%)	Transformation (%)
citronnier	0,25	4500	18000	0%	0%	0%
oranger	0,25	500	2000	0%	0%	0%

Tableau 24 : niveaux réalisés de production et sa répartition par types d'usage dans le système d'arboriculture pure sur une parcelle de Téguert (Timia hors oasis)

Cultures	Téguert (arboriculture pure)					
	Superficie (ha)	Production (Kg)	Rendement (Kg/ha)	Consommation (%)	Perte (%)	Transformation (%)
oranger	0,25	1500	6000	1%	0%	0%
Tanjalo	0,125	750	6000	1%	0%	0%
mandarinier	0,125	750	6000	2%	0%	0%

Tableau 25 : niveaux réalisés de la production et sa répartition par types d'usage dans le système d'arboriculture pure sur une parcelle de Timia oasis

Cultures	Timia oasis (arboriculture pure)					
	Superficie (ha)	Production (Kg)	Rendement (Kg/ha)	Consommation (%)	Perte (%)	Transformation (%)
dattier	0,7	1500	2 143	1%	0%	0%
Grenadine	0,1	300	3 000	0%	0%	0%
raisin	0,05	100	2 000	0%	0%	0%
oranger	0,15	1200	8 000	0%	0%	0%

F4. Niveaux et affectation de la production dans le système de l'arboriculture associée aux cultures maraichères et céréalières

Principal système de cultures dans la région d'Agadez, l'arboriculture associée aux cultures maraichères et céréales se caractérise d'une part par des rendements agricoles élevés sur les sites enquêtés (tableaux 26-30 ci-dessous).

Timia oasis est un site pionnier où ce système de culture a été introduit dans les années 1970, avant de s'étendre par la suite dans toute la région d'Agadez. Les parcelles de l'oasis de Timia sont les plus diversifiées de celles enquêtées.

A Intideynawen et Toumga où les parcelles sont plus nettement axées sur les cultures maraichères et céréalières, les rendements obtenus sont élevés (et très supérieurs à ceux observés dans les autres systèmes de culture).

A Timia oasis où les parcelles sont plus axées vers l'arboriculture, les rendements les plus élevés sont observés dans la production fruitière. Les rendements sur certaines cultures (oranger) demeurent supérieurs à ceux enregistrés dans le cas des autres systèmes de culture. Les taux d'autoconsommation des céréales sont identiques à ceux observés dans le cas des systèmes de cultures maraichères associées aux céréales.

L'autoconsommation des fruits est plus faible, car ceux-ci sont destinés à la vente dans ce système de culture.

Tableau 26 : niveaux réalisés de la production et sa répartition par types d'usage dans le système d'arboriculture associée aux cultures maraichères et céréalières sur une parcelle de Tabelot

Cultures	Campagne	Tabelot (arboriculture associée aux cultures maraichères et céréalières)					
		Superficie (ha)	Production (Kg)	Rendement (Kg/ha)	Consommation (%)	Perte (%)	Transformation (%)
oignon	hiv 2019	0,5	3000	6000	5%	0%	0%
mais		0,1	150	1500	100%	0%	100%
poivron		0,1	50	500	100%	0%	50%
oignon	SSC 2019	0,5	1500	3000	10%	0%	0%
blé	SSF 18-19	0,2	600	3000	100%	0%	100%
manguier		0,06	150	2500	50%	0%	0%
dattier		0,06	150	2500	50%	0%	0%
Grenadine		0,06	750	12500	100%	0%	0%
citronnier		0,06	0	0	0%	0%	0%
raisin		0,06	0	0	0%	0%	0%

Tableau 27 : niveaux réalisés de la production et sa répartition par types d'usage dans le système d'arboriculture associée aux cultures maraichères et céréalières sur une parcelle de Toumga

Cultures	Campagne	Toumga (arboriculture associées aux cultures maraichères et céréalières)					
		Superficie (ha)	Production (Kg)	Rendement (Kg/ha)	Consommation (%)	Perte (%)	Transformation (%)
oignon	hiv 2019	2,1	4000	1905	0%	0%	0%
moringa		0,3	1000	3333	0%	0%	0%
pastèque	SSC 2019	1	900	900	0%	0%	0%
gombo		1	800	800	0%	0%	0%
moringa		0,3	750	2500	0%	0%	0%
blé	SSF 18-19	1,5	400	267	100%	0%	100%
chou		0,2	1200	6000	0%	0%	0%
tomate		0,7	4000	5714	0%	0%	0%
dattier		0,1	250	2500	10%	0%	10%

Tableau 28 : niveaux réalisés de la production et sa répartition par types d'usage dans le système d'arboriculture associée aux cultures maraichères et céréalières sur une parcelle d'Intideynawen

Cultures	Campagne	Intideynawen (arboriculture associée aux cultures maraichères et céréalières)					
		Superficie (ha)	Production (Kg)	Rendement (Kg/ha)	Consommation (%)	Perte (%)	Transformation (%)
mais	hiv 2019	0,3	500	1667	100%	0%	100%
oignon		0,45	5000	11111	0%	0%	0%
poivron		0,05	700	14000	0%	0%	0%
oignon	SSC 2019	0,45	2500	5556	0%	0%	0%
mais		0,3	500	1667	100%	0%	100%
tomate		0,05	1000	20000	0%	0%	0%
oignon	SSF 18-19	0,45	7500	16667	0%	0%	0%
pomme de terre		0,3	5000	16667	0%	0%	0%
blé		0,05	1000	20000	100%	0%	100%
goyavier		0,1	100	1000	0%	0%	0%
oranger		0,1	150	1500	0%	0%	0%

Tableau 29 : niveaux réalisés de la production et sa répartition par types d'usage dans le système d'arboriculture associée aux cultures maraichères et céréalières sur la parcelle 1 enquêtée de Timia oasis

Cultures	Campagne	Timia oasis parcelle 1 (arboriculture associée aux cultures maraichères et céréalières)					
		Superficie (ha)	Production (Kg)	Rendement (Kg/ha)	Consommation (%)	Perte (%)	Transformation (%)
mais	hiv 2019	0,3	2000	6667	100%	0%	100%
tomate		0,5	50	100	50%	0%	25%
blé	SSF 18-19	0,4	300	750	100%	0%	100%
orge		0,4	50	125	100%	0%	100%
Grenadine		0,05	1000	20000	0%	0%	0%
pamplemousse		0,04	1000	25000	0%	0%	0%
manguier		0,01	150	15000	5%	0%	0%
oranger		0,1	3500	35000	0%	0%	0%

Tableau 30 : niveaux réalisés de la production et sa répartition par types d'usage dans le système de d'arboriculture associée aux cultures maraichères et céréalières sur la parcelle 2 enquêtée de Timia oasis

Cultures	Campagne	Timia oasis parcelle 2 (arboriculture associée aux cultures maraichères et céréalières)					
		Superficie (ha)	Production (Kg)	Rendement (Kg/ha)	Consommation (%)	Perte (%)	Transformation (%)
oignon	hiv 2019	1,5	2500	1667	0%	0%	0%
niébé		0,5	30	60	100%	0%	100%
oignon	SSC 2019	1,5	5900	3933	0%	0%	0%
pastèque		0,5	300	600	100%	0%	0%
pomme de terre	SSF 18-19	1,5	1000	667	0%	0%	0%
ail		0,5	1850	3700	0%	0%	0%
citronnier		0,2	250	1250	0%	0%	0%
oranger		0,4	5000	12500	0%	0%	0%
Grenadine		0,1	750	7500	0%	0%	0%
mandarinier		0,02	150	7500	0%	0%	0%
bananier		0,01	100	10000	0%	0%	0%
figuier		0,01	50	5000	0%	0%	0%
pamplemousse		0,01	0	0	0%	0%	0%
dattier		0,02	100	5000	0%	0%	0%
pomme du sahel		0,01	100	10000	0%	0%	0%
raisin		0,01	50	5000	0%	0%	0%
papaye		0,01	25	2500	0%	0%	0%
poire		0,01	10	1000	0%	0%	0%
manguier		0,17	150	882	0%	0%	0%
Tanjalo		0,02	1000	50000	0%	0%	0%

G. Performances économiques et financières comparées entre les systèmes de culture

Les graphiques 31-35 appellent les observations suivantes :

i. Au niveau des consommations intermédiaires, les systèmes de cultures maraichères et/ou céréalières enregistrent les niveaux les plus élevés de dépenses pour la réalisation des campagnes agricoles. Paradoxalement, les systèmes d'arboriculture pure et d'arboriculture associée aux cultures maraichères et céréalières enregistrent des niveaux de dépense relativement faibles par rapport aux autres systèmes de culture (graphique 31).

ii. L'intensité de mobilisation de la main d'œuvre (nombre de jours de travail par hectare) est sensiblement identique à l'exception de certaines parcelles. C'est par exemple le cas à Téguert et à Toumga pour le système de cultures maraichères associées aux cultures céréalières, et à Téguert et Intideynawen pour l'arboriculture pure.

iii. Les systèmes d'arboriculture pure et d'arboriculture associée aux cultures maraichères et céréalières présentent les niveaux les plus élevés de productivité de travail, celle-ci étant calculée sur la base de la valeur ajoutée brute. A Tabelot, Toumga, et à Intideynawen, les productivités du travail obtenues dans d'autres types de SC sont comparables à celles réalisés par les deux systèmes de culture cités ci-dessus.

iv. L'arboriculture pure ou en association présente les productivités de la terre les plus élevées. Sur certains sites, des productivités de la terre élevées sont néanmoins obtenues dans d'autres types de SC.

v. La productivité du capital est plus élevée dans les systèmes d'arboriculture pure ou en association que dans les autres systèmes.

Graphique 31 : consommations intermédiaires annuelles requises (dépenses de culture) comparées entre les types de SC dans la région d'Agadez

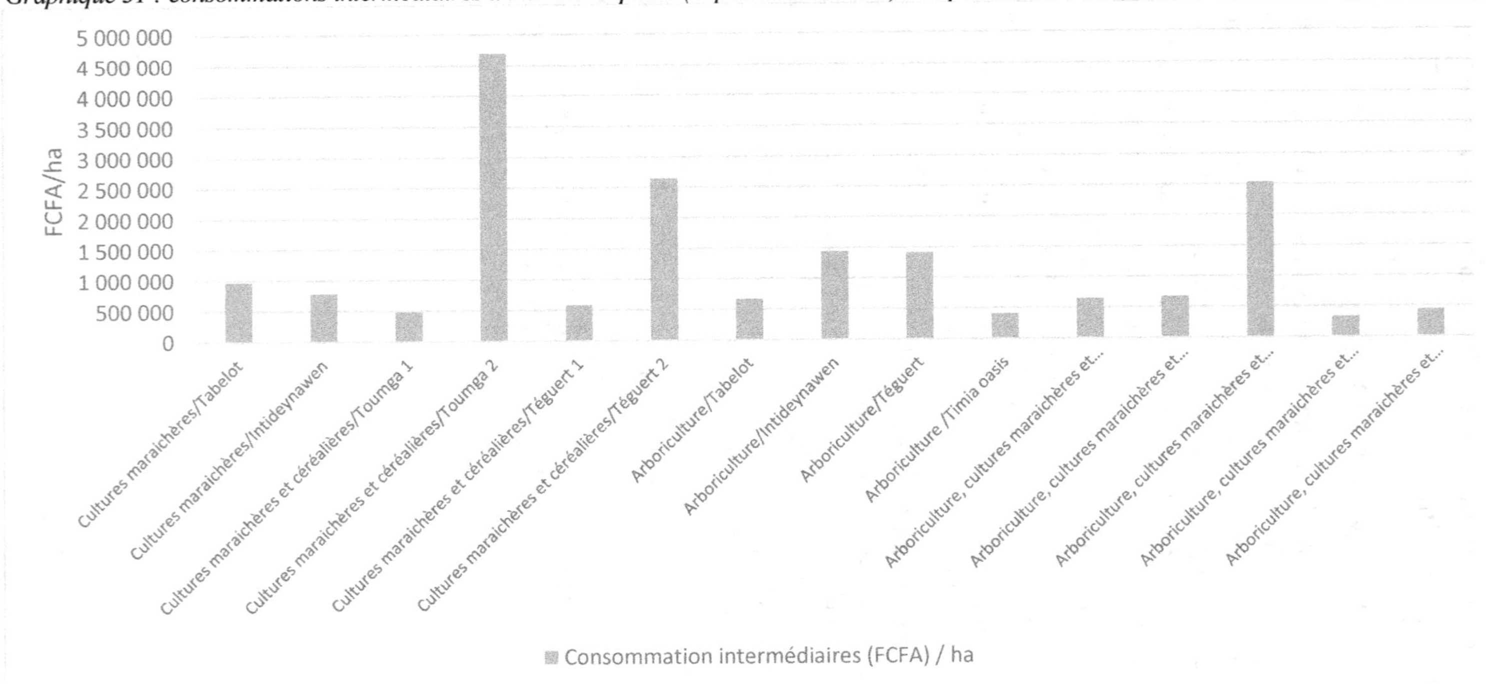

Graphique 32 : Nombre d'hommes-jours mobilisés (journées de travail/ha)

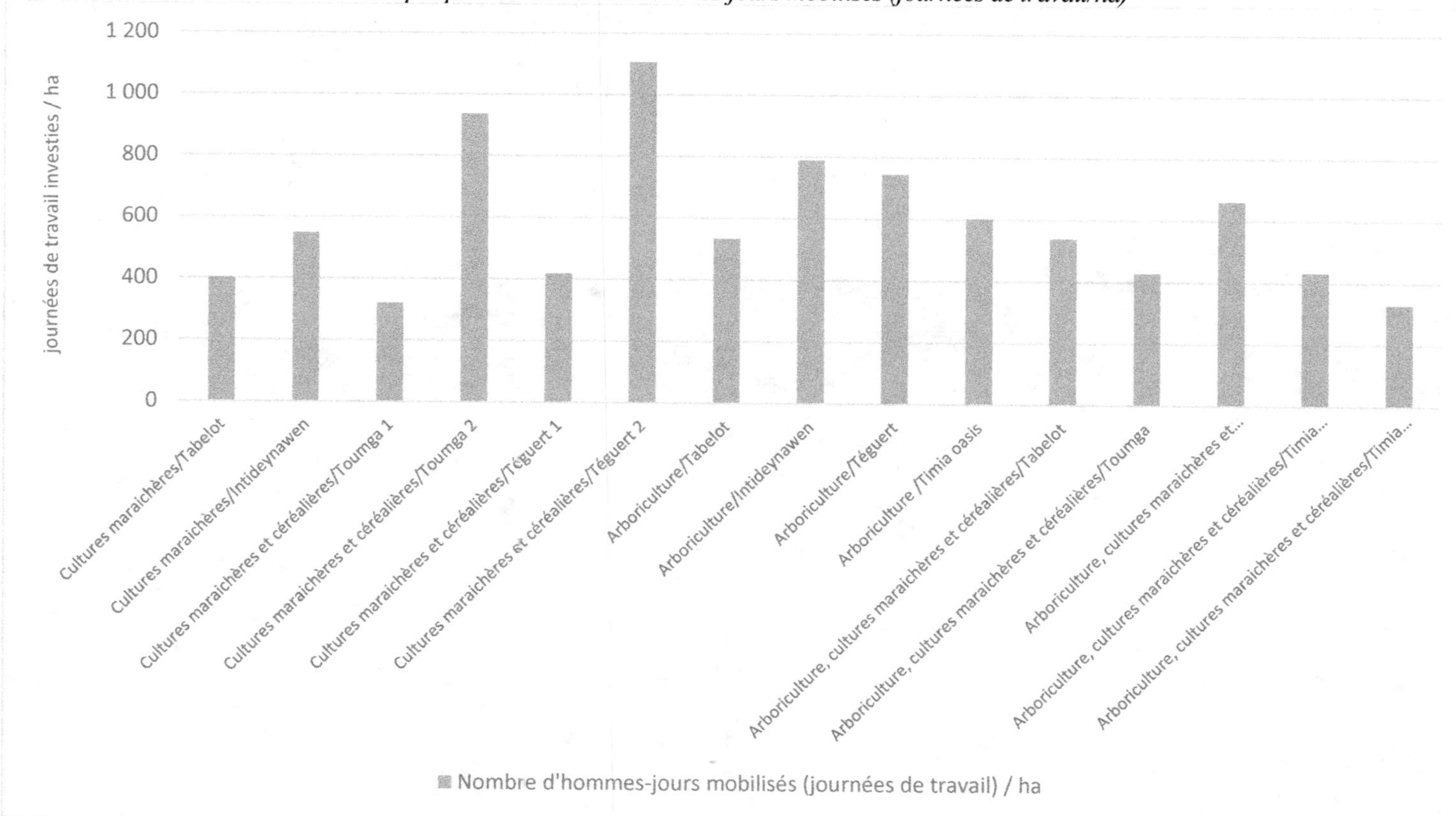

Graphique 33 : productivités du travail comparées entre les types de SC dans la région d'Agadez

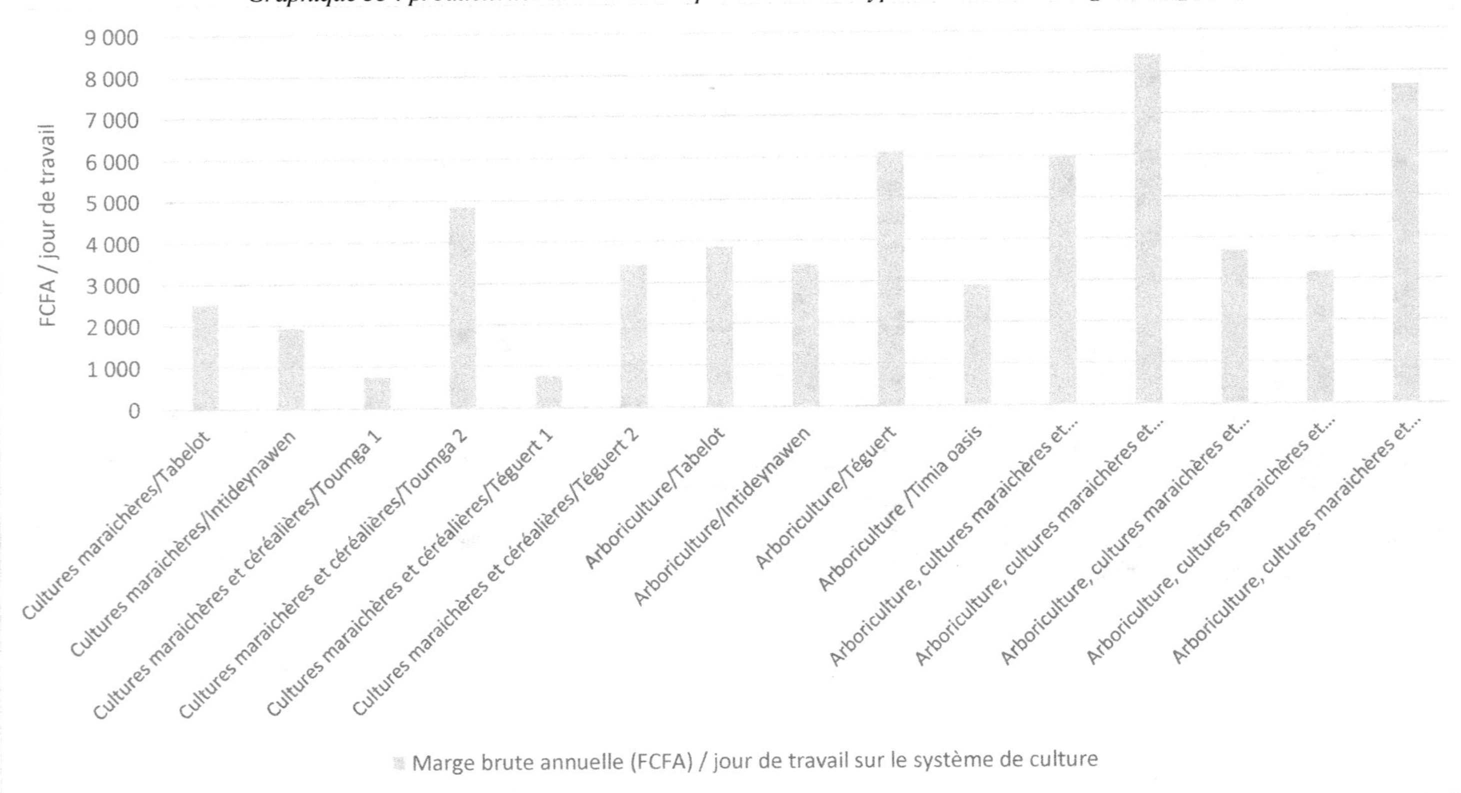

Graphique 34 : productivités de la terre comparées entre les types de SC dans la région d'Agadez

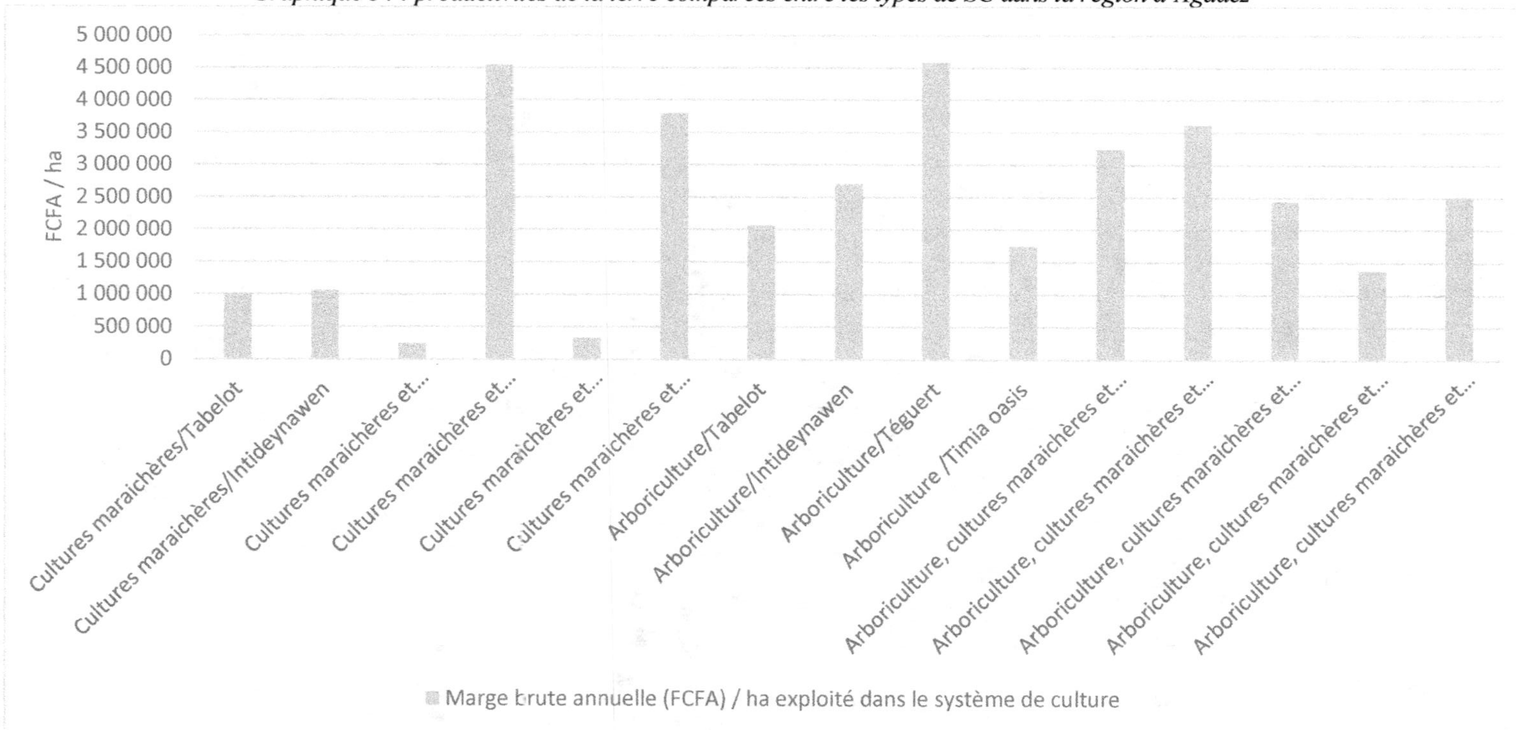

Graphique 35 : productivités du capital comparées entre les différents types de SC à Agadez

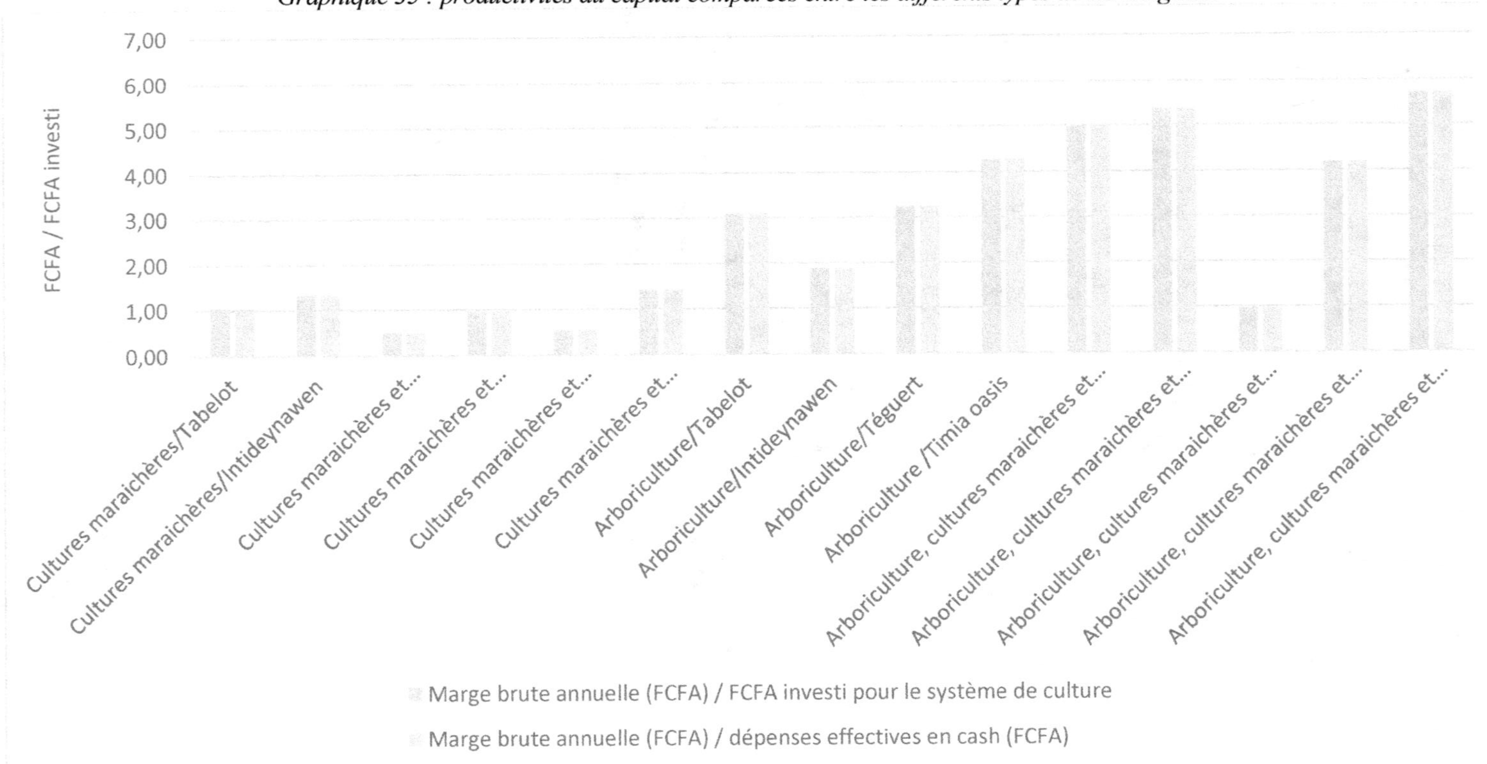

H. Calendriers culturaux

Tout système de culture peut être caractérisé par son calendrier cultural, lequel résulte de plusieurs facteurs : contraintes biophysiques et socio-économiques, périodes de commercialisation visées par rapport aux périodes de pénurie ou d'abondance des produits sur les marchés, motivations individuelles ou pratiques collectives, etc.

H1. Choix des périodes et des types de culture

Sur les cinq sites enquêtés dans la région d'Agadez, les résultats sont similaires à ceux obtenus dans les régions de Tillabéri et de Tahoua :

Les choix des périodes de culture sont individuels à près de 90%. Ils résultent en général de l'expérience personnelle du chef d'exploitation agricole à travers ses pratiques culturales. Les choix collectifs, minoritaires, proviennent soit de pratiques collectives ancestrales adoptées par les communautés locales, ou de formations et/ou d'informations reçues auprès de personnes ressources.

Dans la plupart des cas, et malgré une forte intégration aux marchés, les choix techniques ont pour objectif principal l'adaptation à la nature des sols et à la disponibilité de l'eau. Selon les exploitants agricoles interrogés, l'objectif de répondre à la demande du marché devient secondaire lorsque les risques d'inondation pendant la saison pluvieuse (Timia oasis, Téguert, Intideynawen) et de pénurie d'eau en saison sèche et chaude (Tabelot, Toumga, Timia oasis) sont élevés, et que ces risques peuvent à tout moment remettre en cause la poursuite des activités productives.

Dans le massif de l'Aïr, les choix des périodes de culture dépendent plus des objectifs / ressources des chefs d'exploitation que des types de système de culture ou du site irrigué : les exploitants agricoles se sont adaptés aux conditions biophysiques du massif de l'Aïr qui leur permettent de produire pendant des cultures toute l'année, selon un système de rotation mis en œuvre depuis plusieurs générations par les chefs d'exploitation. Chaque producteur choisit les cultures, les périodes, et les modalités de rotation d'une saison à l'autre en fonction de ses objectifs et des ressources dont il dispose.

Les producteurs interrogés estiment que leurs pratiques sont efficaces à la fois par rapport à l'objectif de rentabilité économique, et au niveau de la durabilité de la gestion des terres et des ressources en eau. Sur tous les sites enquêtés, nous avons remarqué une orientation accrue vers des mesures de restauration des sols car les mesures de conservation sont quasiment inexistantes des parcelles irrigués en petite irrigation. Ceci indique que les exploitants agricoles engagés dans la PI ont conscience des risques écologiques et environnementaux que comportent leurs activités productives. Pour autant, ils ne disposent pas des capacités techniques pour mettre en œuvre les mesures de conservation capables de réduire ces risques. Mêmes les projets/programmes de développement intervenant dans la région ont axé leurs actions sur les mesures de restauration plutôt que sur la durabilité des systèmes de culture résultant des pratiques mises en œuvre par les producteurs.

H2. Calendriers culturaux selon le type de systèmes de culture et le site de la PI

Conformément au cadre logique défini ci-dessus, cette sous-section devrait permettre (i) d'évaluer d'abord les calendriers culturaux par système de culture, et ensuite, au sein de chaque système de culture, (ii) de comparer ces périodes de culture entre les sites de la PI où ces systèmes de culture sont présents. Le tableau 31 ci-après présente les principaux calendriers culturaux identifiés, selon les systèmes de culture et les sites irrigués en PI :

(i) au niveau du ***système de cultures maraichères pures***, deux cas spécifiques de calendriers culturaux ont été identifiés :

- ✓ les *cultures maraichères sur les trois saisons.* Sur le site de Tabelot, l'oignon est cultivé en continu de février à décembre, couvrant ainsi les trois saisons de l'année. A Intideynawen, l'oignon est cultivé pendant l'hivernage, de juin à octobre. Pour la tomate, le calendrier cultural varie d'une parcelle à l'autre et d'un site à l'autre : à Tabelot, la culture de tomate est réalisée durant certaines périodes pendant la saison sèche et froide, alors que sur d'autres parcelles, elle est pratiquée en hivernage comme à Intideynawen.
- ✓ Les *cultures maraichères sur une courte période en saison sèche et froide ou en saison sèche et chaude :* le poivron est cultivé en hivernage de juin à octobre à Tabelot, alors que la pastèque est une culture de saison sèche et chaude : elle est cultivée de mars à mai sur le site d'Intideynawen.

(ii) Dans les ***systèmes de cultures maraichères associées aux cultures céréalières***, les deux sites concernés présentent des différences notables dans les calendriers de cultures :

- ✓ A Téguert, seul l'aïl est cultivé en SSC alors que sur le site de Toumga les exploitants agricoles privilégient la culture de tomate.
- ✓ Si à Téguert, les céréales sont cultivées en SSF par contre sur le site de Toumga, celles-ci sont produites en hivernage.

(iii) Dans ***le système d'arboriculture pure***, les calendriers culturaux sont définis par les cycles végétatifs et de fructification / maturation des arbres fruitiers. Ils sont très similaires sur tous les sites car les variétés plantées sont les mêmes, avec quelques cas de précocité (Timia oasis et Tabelot) ou de retard (Intideynawen et Toumga) dans les floraisons et les récoltes. Trois catégories de fruits peuvent être distinguées :

- ✓ Les fruits dont la maturité intervient en saison sèche et froide (goyave, banane, orange) ;
- ✓ Ceux dont la maturité est réalisée en saison sèche et chaude (manguier) ;
- ✓ Enfin, ceux qui sont mûrs en hivernage (raisin, citron, acajou, et dattier).

Sur les sites de Timia oasis, Tabelot et Téguert, la plus grande diversité d'arbres fruitiers permet aux producteurs d'offrir des fruits à chaque saison sur le marché. Sur le site d'Intideynawen où l'arboriculture est plus récente que sur les trois autres sites cités ci-dessus, les exploitants agricoles se spécialisent dans les cultures d'agrumes : orange, mandarine, clémentine, etc.

(iv) Enfin, dans les systèmes ***d'arboriculture associée aux cultures maraichères et céréalières***, les calendriers culturaux sont plus complexes et varient d'un site irrigué à un autre :

- ✓ A Tabelot et à Timia oasis, les céréales sont cultivées en hivernage (maïs) et en SSF (blé). Les cultures maraichères sont produites toute l'année, avec l'oignon comme culture maraichère principale.
- ✓ Sur les sites d'Intideynawen et de Toumga où l'arboriculture est moins diversifiée et où la densité des plants est plus faible, les cultures maraichères et céréalières sont concentrées sur les saisons sèches froide et chaude. Les cultures d'hivernage sont moins fréquentes (tomate à Intideynawen par exemple).

Nous concluons en définitive que les exploitants agricoles des cinq sites agricoles de la PI enquêtés exécutent, à peu de différence près, les mêmes calendriers culturaux en fonction des conditions biophysiques des sites. Dans le massif de l'Aïr, l'exploitation agricole irriguée est rendue possible par le fort potentiel de recharge de la nappe phréatique au cours de la saison pluvieuse, et par le micro-climat du massif de l'Aïr. A Toumga et à Intideynawen, les conditions sont plus favorables à la PI en saison sèche et froide et en saison sèche et chaude.

Tableau 31 : calendriers culturaux par site agricole et par système de culture de la PI dans la région d'Agadez

Cultures	2017			2018												2019												2020											
	10	11	12	1	2	3	4	5	6	7	8	9	10	11	12	1	2	3	4	5	6	7	8	9	10	11	12	1	2	3	4	5	6	7	8	9	10	11	12
Site de Tabelot																																							
Système de cultures maraichères																																							
Oignon					D										F		D			F	D						F					D							F
Tomate	D				F								D				F								D				F								D		
Poivron								D				F								D				F								D				F			
Système d'arboriculture pure																																							
Oranger		R	E	C	O	L	T	E						R	E	C	O	L	T	E						R	E	C	O	L	T	E							
Citron	R	E	C	O	L	T	E				R	E	C	O	L	T	E						R	E	C	O	L	T	E						R	E	C	O	L
Grenade	R	E	C	O	L	T	E				R	E	C	O	L	T	E						R	E	C	O	L	T	E						R	E	C	O	L
Goyave		R	E	C	O	L	T	E						R	E	C	O	L	T	E						R	E	C	O	L	T	E							
Mangue						R	E	C	O	L	T	E						R	E	C	O	L	T	E						R	E	C	O	L	T	E			
Moringa		D			R	E	C	O	L	T	E		F	D										F	D												F		
Système d'arboriculture associée aux cultures maraichères et céréalières																																							
Oignon			D					F	D					F	D					F	D					F	D						F	D					
Poivron								D				F								D				F								D				F			
Blé			D			F									D			F									D			F									
Mais										D			F									D			F									D			F		
Tomate		D				F								D				F								D				F									
Mangue						R	E	C	O	L	T	E						R	E	C	O	L	T	E						R	E	C	O	L	T	E			
Dattier										R	E	C	O	L	T	E						R	E	C	O	L	T	E											
Grenade	R	E	C	O	L	T	E				R	E	C	O	L	T	E						R	E	C	O	L	T	E						R	E	C	O	L
Citron	R	E	C	O	L	T	E				R	E	C	O	L	T	E						R	E	C	O	L	T	E						R	E	C	O	L
Raisin										R	E	C	O	L	T	E						R	E	C	O	L	T	E											
Site de Timia oasis																																							
Système d'arboriculture pure																																							
Dattier										R	E	C	O	L	T	E						R	E	C	O	L	T	E											
Grenade	R	E	C	O	L	T	E				R	E	C	O	L	T	E						R	E	C	O	L	T	E						R	E	C	O	L
Raisin										R	E	C	O	L	T	E						R	E	C	O	L	T	E											
oranger		R	E	C	O	L	T	E						R	E	C	O	L	T	E						R	E	C	O	L	T	E							
Système d'arboriculture associée aux cultures maraichères et céréalières																																							
Oignon			D					F	D					F	D					F	D					F	D						F	D					
Aïl												D						F						D						F						D			
P.de terre												D		F										D		F										D		F	
Pastèque										D				F								D				F								D				F	
Niébé											D		F										D		F										D		F		
blé			D			F									D			F									D			F									
Citronnier	R	E	C	O	L	T	E				R	E	C	O	L	T	E						R	E	C	O	L	T	E						R	E	C	O	L
Oranger		R	E	C	O	L	T	E						R	E	C	O	L	T	E						R	E	C	O	L	T	E							
Grenadine	R	E	C	O	L	T	E				R	E	C	O	L	T	E						R	E	C	O	L	T	E						R	E	C	O	L
Mandarine											R	E	C	O	L	T	E						R	E	C	O	L	T	E			R	E	C	O	L	T	E	
Bananier										R	E	C	O	L	T	E			R	E	C	O	L	T	E						R	E	C	O	L	T	E		
Figuier									R	E	C	O	L	T	E				R	E	C	O	L	T	E						R	E	C	O	L	T	E		
Site de la PI de Téguert (Timia hors oasis)																																							
Système de l'arboriculture pure																																							
Oranger		R	E	C	O	L	T	E						R	E	C	O	L	T	E						R	E	C	O	L	T	E							
Tanjalo		R	E	C	O	L	T	E						R	E	C	O	L	T	E						R	E	C	O	L	T	E							
Mandarine											R	E	C	O	L	T	E						R	E	C	O	L	T	E			R	E	C	O	L	T	E	
Système des cultures maraichères associées aux cultures céréalières																																							
Maïs										D		F										D		F										D		F			
Blé	D			F									D			F									D			F									D		
Aïl	D						F						D						F						D						F						D		
Oignon									D				F								D				F								D				F		

Cultures	2017			2018												2019												2020											
	10	11	12	1	2	3	4	5	6	7	8	9	10	11	12	1	2	3	4	5	6	7	8	9	10	11	12	1	2	3	4	5	6	7	8	9	10	11	12
Poivron										D						F						D						F						D					
Site de la PI d'Intideynawen																																							
Système de cultures maraichères																																							
Tomate									D				F								D				F								D				F		
Oignon									D				F								D				F								D				F		
Pastèque						D			F									D			F									D			F						
Système d'arboriculture pure																																							
Citronnier				R	E	C	O	L	T	E						R	E	C	O	L	T	E						R	E	C	O	L	T	E					
Oranger				R	E	C	O	L	T	E						R	E	C	O	L	T	E						R	E	C	O	L	T	E					
Système d'arboriculture associée aux cultures maraichères et céréalières																																							
Mais				D			F									D			F									D			F								
Oignon	D				FD				FD				FD				FD				FD				FD				FD				FD				FD		
Poivron									D						F						D						F						D						F
Tomate									D							F		D				FD							FD										
P. de terre		D			F									D			F									D			F									D	
Blé		D			F									D			F									D			F									D	
Ail		D						F						D						F						D						F						D	
Oranger									R	E	C	O	L	T	E						R	E	C	O	L	T	E						R	E	C	O	L	T	E
Goyavier					R	E	C	O	L	T	E						R	E	C	O	L	T	E							R	E	C	O	L	T	E			
Site de Toumga																																							
Système de cultures maraichères et céréalières																																							
Oignon										D				F								D				F								D				F	
Poivron										D							F					D							F					D					
Courge				D						F						D						F						D						F					
piment					D				F								D				F								D				F						
Tomate						D				F								D				F								D				F					
Blé		D			F									D			F									D			F									D	
Mais		D			F									D			F									D			F									D	
Carotte			D		F										D		F										D		F										D
Système d'arboriculture associée aux cultures maraichères et céréalières																																							
Oignon											D			F									D			F									D			F	
Moringa		R	E	C	O	L	T	E		C	H	A	Q	U	E									1	5	J	O	U	R	S									
Pastèque						D			F									D			F									D			F						
Gombo						D			F									D			F									D			F						
Blé		D				F								D				F								D				F									
Chou	D		F										D		F										D		F										D		F
Tomate												D				F								D				F								D			
Dattier										R	E	C	O	L	T	E						R	E	C	O	L	T	E											

Nota Bene : P. de terre : Pomme de terre

I. Systèmes de commercialisation/financement/conservation/ transformation

L'analyse des systèmes de culture en PI a permis d'identifier les facteurs de production couramment utilisés sur les sites enquêtés (travail, équipements techniques, intrants agricoles, terres), leurs quantités et qualités respectives dans le processus de création de richesses au sein de chaque système de culture, et les limites dans la mobilisation de ces ressources productives. Elle a également permis de décrire les pratiques de commercialisation, de transformation et de conservation des produits issus de la petite irrigation sur ces sites agricoles. Pour dépasser cette analyse descriptive, la présente section est consacrée à l'analyse de ces pratiques et processus empiriques de production/commercialisation/ conservation/transformation dans une perspective systémique, c'est-à-dire d'un ensemble intégré de modalités de valeurs formellement constituées. Pour atteindre cet objectif, un questionnaire servant de support à la réalisation de discussions de groupes de chefs d'exploitation a été élaboré et documenté sur les cinq sites selon les conditions suivantes :

- ✓ Chaque groupe de discussion est constitué d'au plus quatre chefs d'exploitation ayant pour activité principale les cultures par la PI, et engagés dans le même mode de gestion (PIP, GMIC, ou PCS). Les membres de ces groupes de discussion appartiennent aux mêmes sexes et pratiquent dans une large mesure les mêmes systèmes généraux de culture.
- ✓ Deux focus groupes, dont au moins un groupe de femmes, ont été réalisés sur chacun des sites enquêtés dans la région d'Agadez ; sur les sites de Tabelot, Toumga, et Intideynawen, un groupe de discussion par sexe a été conduit comme ces sites comportent un nombre élevé de femmes cheffes d'exploitation. Sur les sites de Timia oasis et de Téguert (Timia hors oasis), les discussions de groupe ont été réalisées avec des hommes uniquement.

Cette section évaluera successivement les systèmes de commercialisation, de financement, et de conservation/transformation observés sur les sites de la PI enquêtés.

I1. Des systèmes de commercialisation

Sur les cinq sites enquêtés, cinq principaux systèmes de commercialisation ont été identifiés :

i. **La vente directe sur parcelle à des grossistes extérieurs**. Pratiqué sur la quasi-totalité des sites enquêtés de la région d'Agadez, ce système de commercialisation permet aux exploitants agricoles de vendre toute leur production directement après la récolte. Il concerne essentiellement les cultures d'oignon et d'ail. En réalité, la vente ne s'effectue pas directement entre les producteurs et les importateurs : des intermédiaires commerciaux locaux, mandatés par des acheteurs extérieurs, sont chargés d'identifier les producteurs fournisseurs de produits agricoles, de mobiliser la main d'œuvre pour la réalisation des récoltes et le conditionnement des marchandises, et de transporter celles-ci depuis les sites de production jusqu'à la ville d'Agadez. Ensuite, de gros camions assureront leur transport des productions jusqu'à leurs destinations dans les pays d'importation. Les prix d'achat pratiqués par les intermédiaires commerciaux auprès des producteurs sont toujours inférieurs au prix de vente aux importateurs (vente des marchandises aux importateurs par les intermédiaires commerciaux). La différence entre ces deux prix constitue la marge brute dégagée par l'intermédiaire commercial qui, en retranchant les frais de la récolte et de conditionnement, ainsi les frais de transport des sites de la PI à la ville d'Agadez, obtient son bénéfice brut. Ce système de commercialisation existe essentiellement sur les sites de Tabelot, Timia oasis, et Téguert. Selon certains exploitants agricoles interrogés, le bénéfice dégagé par l'intermédiaire commercial est au moins égal au double de celui obtenu sur une campagne par l'exploitant agricole. Cette modalité de commercialisation des produits de la PI a généré un système économique de nature féodale à un double titre :

✓ Les profits accumulés par les intermédiaires commerciaux leur ont permis d'acquérir de multiples parcelles et de contrôler tout le circuit de commercialisation des intrants agricoles. Ces intermédiaires dotent les exploitants agricoles, qui ne disposent d'aucun facteur de production, de la terre et du capital technique/financier nécessaires à la production des cultures de rente. Ils assurent la commercialisation des produits à la récolte, et partagent avec les exploitants agricoles les bénéfices nets. A ceux qui ont la terre et qui ne disposent pas de moyens financiers pour exploiter leurs terres, ils louent parfois leurs terres et/ou leur consentent des crédits remboursables à la récolte. Dans ce cas aussi, l'exploitant agricole est contraint de vendre sa récolte à l'intermédiaire commercial au prix que ce dernier aura fixé. En définitive, le producteur, propriétaire ou non de sa terre, est transformé en « métayer » au service d'un « propriétaire - acheteur » qui lui assure la subsistance en contrepartie des services rendus.

✓ Les grandes exploitations agricoles sont détenues par des intermédiaires commerciaux qui produisent sur certains sites plus de 90% de la production des cultures de rente (Tabelot, Téguert). Ces intermédiaires mobilisent plusieurs familles (hommes, femmes, et enfants) qui travaillent dans des conditions précaires sur leurs parcelles. Pour ces « familles de travailleurs agricoles », la rémunération consiste principalement en l'alimentation offerte par le chef d'exploitation et, aux divers dons que celui-ci leur fournit de manière épisodique.

Ce système de commercialisation a été mis en place progressivement sur ces sites au cours des années 1995[31] et, se nourrit actuellement de lui-même.

ii. **La vente directe après récolte à des intermédiaires commerciaux et détaillants locaux, et aux consommateurs des villages situés à proximité du site de production.** Principale modalité de commercialisation des cultures de rente au début du développement de la PI dans le massif de l'Aïr, ce système absorbe une part croissante de la production. Depuis quelques années, il contribue à créer sur les sites irrigués des réseaux de commercialisation qui sont directement reliés aux grands marchés régionaux et nationaux (Niamey, Agadez, Arlit). A l'image du premier système de commercialisation décrit ci-dessus, l'intermédiation commerciale constitue une caractéristique de plus en plus importante sur ce commerce intérieur : des intermédiaires commerciaux sont présents sur tous les principaux marchés. Ils financent les activités productives locales sur les sites irrigués, s'occupent de la vente en demi-gros et en détail des produits, et rémunèrent les exploitants agricoles à travers les prix qu'ils auront eux-mêmes fixé. Ce sont ces derniers qui assurent désormais la distribution des produits issus de la PI à l'intérieur du pays.

iii. **La vente sur les marchés hebdomadaires.** Certains exploitants agricoles fréquentent les marchés hebdomadaires pour écouler leurs récoltes. A Tabelot, Timia oasis, et Téguert, de plus en plus d'exploitants agricoles fréquentent les marchés hebdomadaires pour écouler leurs productions. Ce système entraîne des coûts supplémentaires pour la commercialisation. Il permet aux exploitants agricoles de vendre chaque semaine une partie de leurs récoltes, et de s'approvisionner en céréales et autres produits vivriers. Il entraîne pour les producteurs des risques de mévente, car les producteurs fréquentent ensemble les mêmes marchés au même moment et avec les mêmes produits agricoles. Plusieurs exploitants agricoles sont contraints de vendre leurs produits à perte. Ce système de commercialisation est pratiqué surtout à Téguert, Toumga, et Intideynawen.

iv. **La vente des cultures avant maturité à des grossistes et intermédiaires commerciaux intervenant sur les sites irrigués.** Dans des situations exceptionnelles de crise, certains exploitants agricoles procèdent à la vente de leur production avant la maturité des cultures. Lorsque l'exploitant agricole ne dispose plus de ressources alimentaires pour poursuivre les activités sur ses parcelles (dans des situations de crise alimentaire grave), ou en cas de besoin de liquidités financières pour faire face à une crise sociale (santé par exemple), certains exploitants de Timia oasis, Tabelot, et Téguert ont expliqué avoir eu recours à ce mode de commercialisation de leurs productions au moins une fois au cours de cinq dernières années.

[31] Lors du boom de l'oignon à la fin des années 1990.

v. **Les foires commerciales organisées à Niamey**. Initié par l'un des chefs d'exploitation interrogés sur le site de Timia oasis, ce système de commercialisation permet aux producteurs de la région d'Agadez de vendre leurs produits chaque année durant le mois de décembre. Cette foire de promotion des agrumes et des principaux produits maraichers (oignon, aïl, pomme de terre) contribue à faire connaitre les productions locales. Elle permet aussi de mobiliser les autorités centrales autour des enjeux de la PI au Niger.

Photo 17 : commercialisation de produits de la PI sur un marché hebdomadaire du massif de l'Aïr

Comme dans les autres régions du Niger, il n'existe pas de systèmes formels de commercialisation des produits agricoles issus de la PI. Chaque exploitant agricole développe ses propres stratégies de commercialisation et veille à faire respecter ses intérêts. Cette situation découle

- d'une part du passage, après 1974, d'une agriculture de marché à une agriculture de subsistance qui s'est traduit par la destruction des grandes sociétés de commercialisation des produits agricoles dans les années 1980 et 1990.
- d'autre part des politiques nationales qui se sont beaucoup plus concentrées sur la production végétale (objectif du ministère de l'agriculture) que sur la commercialisation des produits agricoles domestiques (qui est du ressort du Ministère du commerce).

La structuration de la commercialisation des produits agricoles a été délaissée au profit de stratégies régulatoires reposant sur des prix faiblement rémunérateurs des producteurs, au nom de la sécurité alimentaire et, d'ouverture des marchés intérieurs aux produits importés, encore une fois de plus au nom de l'accès de tous aux produits alimentaires[32]. Il a fallu attendre le début des années 2000 avec la mise en œuvre du PPEAP[33] pour que les questions de commercialisation des produits agro-sylvo-pastoraux soient soulevées de manière effective par les autorités nationales. Les efforts furent alors concentrés autour du développement des exportations de cultures issues de quelques filières « porteuses » (oignon, niébé, sésame, souchet, gomme arabique), et de quelques cultures maraichères (tomate, poivron, ail, et chou) au détriment de la commercialisation des produits sur les marchés domestiques qui avait pourtant un potentiel largement supérieur aux possibilités d'exportation qui s'offraient à l'époque aux exploitants agricoles.

La mise en œuvre de l'approche filière a ensuite conduit à l'installation d'intermédiaires commerciaux qui ont progressivement occupé les marchés domestiques. Dans la région d'Agadez, cette approche a eu peu d'impact sur la production et la commercialisation des produits agricoles issus de la PI. Cependant, les multiples projets/programmes qui sont intervenus dans cette région se sont appuyés sur cette approche et, ont cru devoir changer de méthode dans les années 2010 en se lançant dans la promotion de chaines de valeurs qui n'étaient en réalité que de simples organisations de producteurs encore attachées aux fameuses filières porteuses.

Lors de nos discussions avec plusieurs responsables techniques communaux/départementaux/régionaux de l'agriculture, des confusions manifestes sont apparues dans la définition de la chaine de valeurs. La majorité de ces responsables techniques continuent encore de penser qu'il n'existe pas de différences significatives entre la chaine de valeurs et la filière. Cependant, ces deux concepts différents : le développement d'une chaine de valeurs repose sur l'organisation des producteurs, qui peut prendre la forme d'une coopérative ou d'une société de capitalisation, avec pour but principal de maximiser la part de ces producteurs dans la répartition de la valeur ajoutée brute, par la minimisation des coûts de production et la maximisation des revenus tirés de la vente. Etant unis au sein d'une institution à buts lucratifs, les producteurs décident de devenir des « price maker » et non des « price taker » dans toute la chaine des coûts de production et des prix d'équilibre sur les marchés. Une telle organisation de producteurs n'existe actuellement dans aucune région du Niger.

---

32 Le slogan « les Nigériens Nourrissent les Nigériens » constitue sans nul doute la manifestation la plus expressive de ce choix stratégique.

33 Le PPEAP, financé par la Banque mondiale pour un montant estimatif de 12,5 millions $ us, a démarré ses activités en 2001. Puis, à partir de 2009, le Projet de développement des exportations et des Marchés Agro-Sylvo-Pastoraux (PRODEX) a poursuivi ses activités.

I2. Des systèmes de financement

Sur les sites enquêtés dans la région d'Agadez, cinq principales modalités de financement de la de PI ont été identifiées :

i. **Le financement des activités de production agricole irriguée en PI par les intermédiaires commerciaux**. Dans ce cas, le système de commercialisation des produits agricoles détermine les modalités de financement des activités de production qui ont été décrites dans la sous-section précédente : le crédit agricole donne à l'intermédiaire commercial le droit de vendre la récolte au prix qu'il aura décidé d'avance, de déduire de la recette toutes les charges qu'il aura préfinancées, et de partager le bénéfice avec les exploitants agricoles selon des mécanismes qui ne profitent guère à l'exploitant agricole. Selon certains exploitants agricoles, il arrive que l'exploitant agricole se retrouve endetté au terme de la commercialisation de la récolte car son résultat d'exploitation est déficitaire. Plusieurs exploitants agricoles, principalement sur les sites de Tabelot et de Timia oasis, se retrouvent ainsi engagés dans un cercle vicieux d'endettement qui conduit certains producteurs à vendre leurs parcelles pour devenir de simples ouvriers agricoles.

ii. **Le financement à partir de ressources propres issues de tontines, de l'élevage (vente d'animaux), du commerce, de l'exode, et/ou d'autres activités agricoles/non agricoles**. Ce type de financement s'observe essentiellement sur les exploitations détenues par les intermédiaires commerciaux (Tabelot, Téguert, Timia oasis) ou par de « riches » commerçants qui ont fait fortune dans la recherche de l'or ou dans le commerce. Comme dans les autres régions enquêtées, il existe des investisseurs agricoles extérieurs aux sites irrigués en PI : fonctionnaires originaires des sites de la PI, hommes politiques locaux installés à Niamey et à Agadez, etc. Ceux-ci financent directement les activités agricoles productives qui sont réalisées sur des parcelles acquises (achat, héritage) ou louées.

iii. **Le financement par achat à crédit des intrants agricoles, de l'alimentation de la famille, et d'autres produits nécessaires à la mise en œuvre de la campagne agricole.** Ces emprunts sont généralement contractés hors du circuit des intermédiaires commerciaux auprès de commerçants détaillants. Le remboursement intervient à la récolte sans aucun intérêt, et sans aucune obligation de vente de sa récolte au créancier. C'est le système qui est privilégié par les « petits » producteurs agricoles sur les cinq sites enquêtés. Son avantage principal réside dans la maitrise par l'exploitant agricole de son endettement. Il a cependant pour inconvénient d'obliger les producteurs à vendre rapidement leurs récoltes, à des prix fréquemment peu rémunérateurs, afin d'honorer leurs engagements vis-à-vis de leurs créanciers. Il existe aussi des cas où les ouvriers agricoles sont embauchés sur la base d'un contrat de prestations de service dont la rémunération est établie sur la base d'un partage du bénéfice d'exploitation.

iv. **Le financement à travers un crédit contracté auprès de proches parents.** Les crédits contractés sont pratiqués sans intérêt et sont remboursés à la récolte. Dans les grandes agglomérations, ce type de crédit est très développé. Pour des considérations sociales, ce type de crédit constitue un dernier recours.

v. **Le financement des activités par une subvention de projets/programmes de développement ou d'autres institutions caritatives.** Aucun exploitant des cinq sites enquêtés n'a reçu de subvention sous forme numéraire de la part de projets/programmes de développement. Les subventions reçues portent principalement sur les équipements (motopompe, grillage, petits matériels agricoles, tuyaux, etc.) et la formation.

Le financement des exploitations agricoles demeure essentiellement informel. Les structures productives apparaissent exclues de l'économie formelle. Malgré l'installation des chambres d'agriculture qui opèrent en réseau, et malgré les recommandations de la SPIN en matière de structuration de la petite irrigation, l'activité agricole en PI demeure fondamentalement informelle. De ce fait, les producteurs ne peuvent pas accéder à des financements par les institutions financières formelles (banques). À la fin des années 1990, il a été cru que la micro-finance pourrait pallier la déficience des institutions bancaires en ce qui concerne le financement des activités productives irriguées en PI. Les produits financiers offerts par le système financier décentralisé ont cependant du mal à prendre en compte les spécificités des systèmes de production agricoles en général, et ceux de la PI en particulier, de telle sorte que le lien entre le secteur primaire et les institutions des SFD n'a guère pu être établi de manière durable. Même la création récente de la BAGRI, qui a suscité beaucoup d'espoir de la part des exploitants ruraux, n'a pas comblé ce vide institutionnel. Dans le cadre du renforcement du dispositif mis en place par l'Initiative 3N, le FISAN a ensuite été créé en 2017. Sa facilité 1 est « relative à un appui aux investissements privés à travers le crédit et autres formes de financement (garantie, investissement, etc.). Le document de présentation du FISAN précise que :« Cette facilité valorise le dispositif de financement du secteur bancaire privé, dont les banques commerciales et les systèmes financiers décentralisés (SFD) engagés dans le financement Agricole, les organismes de garantie, les sociétés d'investissement, etc. Les appuis de la Facilité 1 concernent exclusivement des activités rentables, qui sont orientées vers le marché et créatrices d'emplois et de valeur ajoutée, dont les revenus monétaires tirés permettent de rembourser les crédits obtenus. Ils focalisent notamment les crédits d'investissement à moyen terme, destinées à l'acquisition des équipements productifs. Les appuis visent à stimuler le financement de ces activités par le secteur financier et à créer des relations d'affaires durables. A cet effet, les appuis financiers de la Facilité sont à la fois de nature partielle et dégressive. »[34]. Le FISAN doit donc s'appuyer sur « des dispositifs de financements existants pour atteindre les bénéficiaires ». Comme nous l'avons souligné plus haut, les dispositifs de financement existants excluent de facto le système primaire à travers leurs conditionnalités. De ce fait, les producteurs ruraux risquent fort de ne pas pouvoir remplir les conditions d'accès aux crédits. Comme cela a déjà été le cas dans le passé, il est alors probable que ce sont les agents de l'Etat, les hommes politiques et les opérateurs économiques qui pourront absorber ces lignes de crédit.

I3. Systèmes de conservation et de transformation des produits issus de la PI

Les sites enquêtés dans la région d'Agadez se caractérisent par un faible développement des systèmes de conservation et de transformation des produits agricoles issus de la PI. Quelques pratiques ancestrales ont été identifiées sur les sites de la PI enquêtés :

- ✓ Sur le site de Timia oasis, c'est le séchage des dattes qui permet aux familles de conserver leur production en vue de sa consommation. Cette pratique s'est généralisée dans tout le massif de l'Aïr.
- ✓ A Téguert et à Toumga, il a été observé des travaux de séchage de la tomate, du poivron, et du piment local.

Photo 18 : tomate séchée sur l'un des marchés hebdomadaires du massif de l'Aïr

[34] SPIN (août 2017), page 8

Les communautés locales de Toumga et de Tabelot ont signalé plusieurs formations et appuis en vue de favoriser la conservation/transformation des produits agricoles issus de la PI. Ces expériences sont de nature exogène, et se veulent répondre aux contraintes de commercialisation des produits agricoles. Toutefois, ces actions « top down » peuvent aussi être vues comme des tentatives de forcer les producteurs agricoles à devenir aussi des acteurs de la transformation et de la conservation des produits agricoles, alors que ceux-ci sont contraints de vendre rapidement leurs récoltes pour faire face aux multiples contraintes de trésorerie.

Selon la plupart des exploitants agricoles interrogés, la conservation des produits agricoles ne peut être réalisée que par une infime proportion de producteurs nantis qui peuvent se permettre d'attendre le moment propice pour vendre certaines cultures non périssables rapidement.

Les producteurs interrogés indiquent par ailleurs que la transformation des produits agricoles ne peut intervenir que lorsque les producteurs n'ont pas le choix car ils sont dans une situation de mévente. L'oignon, la tomate et le poivron rouge sont des produits qui, en cas de mévente, sont séchés et stockés. Cependant, cette transformation n'apporte pas une valeur ajoutée additionnelle aux nouveaux produits.

La prédominance d'une agriculture de subsistance explique également l'insistance des producteurs à mettre en œuvre des pratiques traditionnelles de conservation/transformation agricole. Dans la région d'Agadez, le séchage de certains produits issus de la PI sont des pratiques courantes réalisées par les femmes depuis plusieurs générations. Ce ne sont pas les producteurs qui exercent ces transformations mais plutôt des femmes qui en font la commercialisation sur les marchés hebdomadaires.

Conclusion : pistes d'innovation pour améliorer les performances de la PI

Au terme de cette étude de diagnostic agricole dans la région d'Agadez, deux principaux constats peuvent être faits :

i. Les transformations structurelles désirées, soulignées en particulier par la SPIN, ne se sont pas produites de manière satisfaisante, même si la région d'Agadez se caractérise par un développement de la PI plus important que dans les autres régions enquêtées : les exploitations agricoles engagées dans la PI demeurent des structures informelles déconnectées de l'économie formelle, non professionnelles, gérées au jour le jour, mais dont les producteurs mettent en œuvre des stratégies d'adaptation aux chocs socio-économiques et climatiques (minimisation des risques). Contrairement aux autres régions, les organisations de producteurs sont actives dans le renforcement des capacités institutionnelles de leurs membres. Elles interviennent aussi pour faciliter l'accès aux intrants agricoles, appuyer le désenclavement des sites de production, et la commercialisation des produits. Elles se sont inscrites dans le cadre des dynamiques endogènes de développement de la production irriguée. Les producteurs de la région d'Agadez sont mieux organisés que ceux des deux autres régions enquêtées. L'auto-promotion et la valorisation des savoir-faire locaux ont permis l'instauration d'un esprit entrepreneurial visant la création de valeurs.

ii. Les différents systèmes de culture et de production enquêtés ont obtenu des performances économiques et financières mitigées. Cependant, la région d'Agadez se caractérise par plusieurs facteurs favorables : plein emploi des ressources foncières et de la main d'œuvre familiale, niveau élevé des investissements privés, intensification des cultures pendant toute l'année, et degré élevé de qualification de la main d'œuvre extérieure. La dynamique de développement agricole a été très peu soutenue par l'Etat et ses partenaires au développement, mais elle a suscité plusieurs innovations technologiques dans le massif de l'Aïr : labour au tracteur, emploi du gaz domestique et de pompes solaires, semis en ligne, à sec, avec un pré-traitement des semences, etc. Selon les exploitants agricoles interrogés, ces innovations ont contribué à améliorer les résultats d'exploitation. Sur la plupart des sites irrigués, elles ont aussi eu un impact positif sur les niveaux de revenus. En définitive, plusieurs chefs d'exploitation expérimentent des innovations sur leurs parcelles tout en poursuivant leurs pratiques traditionnelles qui ont par ailleurs montré leur robustesse. En l'absence d'un cadre régulatoire de la PI, son développement a toutefois engendré des distorsions profondes dans les modalités de gestion et de répartition des ressources. Il a aussi engendré des systèmes de commercialisation et de financement des activités productives fondamentalement inéquitables à l'origine du maintien à long terme d'au taux élevé de pauvreté et de l'extrême pauvreté sur les sites irrigués.

Au regard de ces constats et des résultats de l'enquête de terrain, les pistes d'innovation identifiés à promouvoir dans la région d'Agadez sont les suivantes:

i. ***Innovations dans le travail du sol***

Le travail du sol peut être un levier d'innovation pour la conception des systèmes de culture adaptés aux nouveaux défis de la petite irrigation au Niger. Les résultats agronomiques, la maîtrise des coûts de production, les performances énergétique et environnementale, les impacts sur les émissions de gaz à effet de serre et sur le stockage du carbone, la préservation de la biodiversité dépendent pour partie du travail du sol. Sur les cinq sites enquêtés, les exploitants agricoles ont conscience de l'importance du travail du sol pour leurs résultats d'exploitation. ***L'exploitation des parcelles sans la réalisation des travaux préparatoires du sol (labour et défrichage) et le sarclage des planches*** pourrait permettre aux chefs d'exploitation de maintenir la fertilité des sols à long terme, et surtout de réduire le recours systématique aux engrais (minéraux ou organiques) ainsi que les besoins en exhaure/irrigation. En effet, l'humidité du sol est retenue pendant une longue période sur les parcelles bénéficiant d'une couverture vivante ou morte (paillage). Les nouveaux sites irrigués en PI (Téguert, Intideynawen) sont installés sur des terres sablonneuses à faible teneur en matière organique. De tels sols demeurent propices à la diffusion d'une telle pratique pour la production de cultures maraichères et de fruits.

ii. ***Innovations dans les pratiques variétales et de semis***

La forte dépendance des exploitants agricoles à des variétés importées à prix élevés qui ne sont pas toujours adaptées au contexte biophysique local représente un handicap majeur pour le développement de la PI dans la région d'Agadez. Comme les résultats des enquêtes le montrent, les exploitants agricoles n'ont généralement pas le choix en matière de semences. Ils ne disposent pas non plus toujours de la possibilité de semer et re-semer leurs propres variétés sur leurs parcelles. Sur certaines cultures, des progrès importants ont été réalisés sur les cinq sites grâce à ***l'approche de sélection participative*** : pour les cultures d'oignon, d'aïl, de tomate, de maïs, de courge, et de piment, les exploitants agricoles utilisent dans des pépinières des semences qu'ils ont produites et sélectionnées par eux-mêmes. Il faut néanmoins poursuivre les efforts de promotion de variétés maraîchères / arboricoles locales et appuyer la diversification de l'offre variétale. Ceci implique notamment de forme des producteurs de semences locales répondant aux normes nationales sur chaque site irrigué. Par exemple, ***des applications sur smartphone (en haoussa, peulh, tamashek) peuvent aider les exploitants à identifier les meilleures variétés pour***

leurs sites agricoles. Cela peut aussi leur permettre de disposer d'informations sur les producteurs semenciers locaux et leurs stocks, les modalités de production de semences améliorées de qualité, et les structures d'appui existantes dans la localité en matière de sélection de semences. Sur la plupart des sites, les exploitants agricoles ont exprimé un besoin ***d'innovations pour améliorer les taux de germination des semences d'oignon et de tomate***. Comme dans les autres régions du Niger, certains exploitants, utilisent des pagnes pour accélérer la germination des semences et améliorer ainsi les résultats obtenus sur leurs pépinières. Cette pratique a été retrouvée sur les cinq sites enquêtés. Elle peut être améliorée à travers la confection d'enveloppe en matériaux locaux qui peuvent abriter les pépinières. Dans le système d'arboriculture, les exploitants agricoles expliquent par ailleurs que la maitrise des périodes de floraison ou d'apparition des fruits pourrait leur permettre de réaliser plusieurs récoltes dans l'année et contribuer à réduire l'offre de production au cours de certaines périodes de l'année. ***Des innovations techniques existent, en particulier pour les manguiers, les goyaviers, les citronniers et les orangers afin d'avancer ou de retarder la floraison des arbres fruitiers***. Dans la région d'Agadez, l'application de ces pratiques culturales pourrait contribuer à réduire les pertes de fruits locaux et les invendus.

iii. Innovations en matière de pratiques de gestion de l'eau

L'innovation majeure en matière de gestion de l'eau dans la région d'Agadez est l'utilisation de la ***motopompe*** dans l'exhaure, couplée à un réseau californien pour l'irrigation. Cette innovation s'est toutefois avérée coûteuse et à l'origine de résultats d'exploitation médiocres. Par conséquent, toutes les autres solutions techniques à faible coût d'exploitation et sans investissement initial à prix élevé constituent des innovations qui peuvent être adoptées par les exploitants agricoles. L'usage du ***gaz butane*** comme combustible dans les moteurs de motopompe, permet de réduire considérablement les coûts d'exploitation par rapport à l'essence et au gasoil, tout en n'exigeant pas des investissements initiaux élevés. L'adoption du carburateur hybride se heurte toutefois aux contraintes de diffusion de ce produit. Des réseaux locaux de distribution du matériel de base (dépôt de de bouteilles à gaz, carburateur) s'installent progressivement sur tous les sites de production irriguée. Le système d'irrigation en ***« goutte à goutte »*** et les ***pompes solaires*** constituent des innovations exogènes promues par des projets/programmes de développement. Ces innovations permettent de réduire les coûts d'exploitation mais exigent un investissement initial important dont ne disposent pas la majorité des exploitants agricoles engagés dans la PI. L'adoption de ces innovations par les exploitants agricoles se heurte d'abord à leurs faibles capacités d'investissement. Seuls quelques exploitants agricoles nantis disposent des capacités financières pour acquérir ce type d'équipements. Les exploitants agricoles ont aussi exprimé le désir de pouvoir accéder à des innovations peu coûteuses permettant une ***exploitation optimale et efficace de l'eau*** fournie aux cultures sur les parcelles, notamment à travers des réseaux d'irrigation utilisant des matériaux moins coûteux et qui durent longtemps. Tous les systèmes d'irrigation rencontrés sur les sites irrigués en PI (réseau californien, rigoles en terre) génèrent des consommations d'eau élevées et deviennent inopérantes lors des périodes de pénurie d'eau sur le site irrigué en PI. Sur les cinq sites enquêtés, la question de la gestion durable des ressources en eau ne se pose pas : les producteurs locaux exploitent les ressources en eau sans aucun mécanisme régulatoire de contrôle de la qualité de celles-ci, et des modalités de leur exploitation. De ce fait, les sites agricoles irrigués se caractérisent par l'absence de stratégies de ***gestion intégrée et durable des ressources en eau***.

Plusieurs exploitants agricoles ont émis l'idée de réaliser des infrastructures de ***maitrise des eaux des koris*** qui sont à l'origine de la dégradation des terres sur les sites irrigués. La ***retenue de ces eaux*** pourrait contribuer à alimenter les nappes d'eau et, ainsi, à accroitre les capacités de production des producteurs.

iv. Innovations dans la gestion de la fertilité des sols

Les exploitants agricoles engagés dans la PI dans la région d'Agadez ont fait le choix d'un usage intensif d'engrais chimiques. Ayant constaté que « l'usage exclusif de ces méthodes de fertilisation des sols conduit à moyen et long terme à une dégradation accélérée du degré de fertilité des terres »[35], Ils ont engagé au cours de ces dernières années d'autres stratégies de gestion de la fertilisation des terres. Celles-ci sont axées sur le recours combiné à de la fumure organique/compost et à des engrais chimiques importés. De plus en plus de clients extérieurs, notamment du Bénin, du Togo, de la Côte d'Ivoire, et du Ghana, exigent ***une production maraichère sans aucun produit chimique***. Certains producteurs estiment que «l'utilisation excessive d'engrais chimiques entraîne la dégradation rapide de la qualité des légumes fruit ».

Dans ce contexte, ***une production dans la PI sans engrais minéraux ni pesticides chimiques (production en agriculture biologique)***, devrait être l'innovation majeure à promouvoir dans cette région et pourrait constituer le tremplin pour exploiter une niche économique importante dans l'export de légumes frais. Le PromAP a récemment engagé des démonstrations de systèmes maraîchers en agriculture de conservation (i.e. zéro labour, rotation culturale, et semis direct dans un couvert végétal). Cependant, les producteurs sont-ils prêts pour engager cette révolution après plusieurs décennies de sensibilisation sur les vertus de la charrue ? Enfin, la production de compost reste limitée dans la région malgré les campagnes de diffusion réalisées par les projets/programmes de développement depuis plusieurs décennies. Cela tient au fait que les exploitants agricoles n'ont pas véritablement perçu l'intérêt ou la nécessité de mettre en place du compostage. En effet, il accède généralement sans difficulté et dans des

---

[35] Cette observation provient des exploitants agricoles enquêtés et non du consultant.

conditions favorables à de la fumure organique (parcage, achat, ou don). Ils utilisent aussi de la terre fertile prélevée sur des sols plus riches.

v. ***Innovations dans les pratiques de gestion des adventices/ravageurs***

Les exploitants agricoles souhaitent s'engager dans une ***production sans utilisation de produits chimiques phytosanitaires***. Cependant l'efficacité des bio-herbicides et bio-insecticides peut être questionnée. La recherche en lutte biologique contre les adventices et les ravageurs demeure peu active au Niger, et ce malgré les défis importants auxquels les exploitants agricoles font face depuis plusieurs années. Les producteurs ont en effet observé des attaques généralisées contre les cultures (tomate, oignon, etc.). Ceci les contraint à recourir aux produits chimiques pour lutter contre les adventices/ravageurs. Sur plusieurs sites irrigués en PI, les exploitants agricoles privilégient les ***mesures préventives en évitant les mauvaises pratiques culturales*** susceptibles de favoriser le développement des adventices/ravageurs. D'autres évitent certaines cultures qui favorisent la prolifération des bios agresseurs. Cette stratégie est relativement efficace. Elle pourrait constituer une orientation des innovations vers des pratiques de gestion des adventices/ravageurs.
Toutes ces innovations peuvent contribuer au développement de la petite irrigation dans la région si et seulement si des transformations structurelles sont réalisées : le renforcement des chaines de valeurs par le développement de sociétés coopératives, détenues exclusivement par les exploitants agricoles, est un creuset institutionnel pour ancrer ces innovations à plusieurs niveaux : dans l'esprit des producteurs puis dans leurs pratiques, en les aidant à mobiliser les ressources nécessaires à l'investissement et la mise à l'échelle des technologies appropriées. ***Les chaines de valeurs à développer devraient incorporer un accès aux intrants et aux équipements agricoles de qualité et à des prix compétitifs, la formation des exploitants agricoles en techniques agricoles novatrices, susciter la recherche appliquée dans le sous-secteur de la PI, et mettre en place une plateforme électronique de commercialisation des produits issus de la PI pour toute la région d'Agadez où producteurs et demandeurs grossistes se rencontrent de manière permanente et continue.*** La PI doit finalement assurer aux exploitants agricoles une part maximale de la valeur ajoutée brute, réduire les intermédiations commerciales, et promouvoir des exploitations formelles qui garantissent aux exploitants agricoles des conditions de vie meilleures. Elle permettra ainsi de rompre avec « l'agriculture de bureau » au profit d'une « agriculture des producteurs ».

Bibliographie

1. PromAP/GIZ (2018) : « étude sur la gestion durable du sol et la gestion rationnelle de l'eau et de l'irrigation sur les sites d'intervention du PromAP dans les régions d'Agadez, Tahoua, et Tillabéri), juin 2018
2. Jasper Eshuis et Arwin van Buuren (2014) : « les innovations dans la gestion de l'eau : l'importance du temps », revue internationale des sciences administratives, 2014/2, Volume 80, pages 417-437
3. Johannes Engels, Stefano Diulgheroff et Javier Sanz Alvarez (2014) : « Gestion de la Diversité des Cultures : Pratiques clés pour les praticiens de la RRC », FAO, 2014, 48 pages
4. Aliou Moumouni Tankari, Garba Boulamine Mounkeila (2014) : (caractérisation des systèmes de production agricole de la région de Tillabéri », rapport 2, ANADIA Niger, 2014, 50 pages
5. Direction régionale de l'INS de Tillabéri (2018) : « annuaire statistique régional de Tillabéri 2012-2016 », août 2018, 127 pages
6. Ayena, Moudachirou Yabi, A. Jacob (2013) : "Typologie et rentabilité économique des exploitations agricoles participant au Conseril à l'exploitation familiale », 4ème conférence internationale de l'Association Africaine des agro-économistes, 23-25 septembre 2013, Hammanet (Tunisie), 2013, 18 pages
7. Blanchard Mélanie (2010) : « Gestion de la fertilité des sols et rôle du troupeau dans les systèmes coton-céréales-élevage au Mali sud », Thèse de doctorat, Université Paris-Est, Créteil Val de Marne, 2010, 301 pages
8. Haut-Commissariat à l'I3N (août 2017) : « Fonds d'investissement pour la Sécurité Alimentaire et Nutritionnelle (FISAN) », août 2017, 79 pages
9. Othman Joumady et Catherine Ris (2005) : « Diffusion du capital humain et efficience salariale : une application sur données appariées employé-employeur », La Documentation française, 2005/3, 169-171, 11 pages
10. Dominique Gellec (1992) : « Croissance endogène : les principaux mécanismes », Revue Economie et Prévision, n° 106, pp 41-50, 1992
11. INS Niger (2015) : « recensement général de la population et de l'habitat 2012 : Etat et structure de la population du Niger en 2012 », novembre 2012, 88 pages
12. INS Niger (2016) : « recensement général de la population et de l'habitat 2012 : monographie de la région de Tillabéri », octobre 2016, 120 pages
13. PNUD (2019) : « Rapport sur le développement dans le monde 2019 : au-delà des revenus, des moyennes et du temps présent : les inégalités de développement humain au XXIème siècle », New York, USA, 2019, 45 pages
14. Florence Tartanac, Pilar Santacoloma, Alexandra Röttger (2010) : « Formation en gestion d'entreprises associatives rurales en

agroalimentaire », module 4-opérations de post-récolte, FAO, Rome, 2010, 119 pages

15. Initiative 3N (2012) : « Initiative 3N 2012-2013 », octobre 2012, 41 pages
16. Dr Toudou Adam, Laouali Ibrahim, Raymond Audette : « Etude sur la facilitation du commerce couvrant les filières agricoles », rapport final, PPEAP/Ministère de l'agriculture et de l'élevage
17. Commune rurale d'Ouro Guéladio (2015) : « Plan de Développement Communal 2015-2019 », décembre 2014, 94 pages
18. Commune rurale de Bitinkodji (2016) : « Plan de Développement Communal 2016-2020 », 136 pages
19. Commune urbaine de Téra (2012) : « Plan de Développement Communal 2012-2016 », mars 2012, 83 pages
20. Sylvain CEDAT, Sériba Souleymane COULIBALY (2018) : « Etude diagnostique des potentialités du Conseil Agricole en petite irrigation dans les trois régions d'intervention du PromAP Tillabéri, Tahoua, et Agadez », PromAP/GIZ, avril 2018, 72 pages
21. PromAP/GIZ (2018) : « Revue annuelle de mise en œuvre du PromAP II : état d'avancement du programme et niveau de mise en œuvre du plan annuel de travail 2018 », décembre 2018, 107 pages
22. Projet d'appui régional à l'initiative pour l'irrigation au Sahel –PARIIS- (2016) : « cadre de gestion environnementale et sociale : rapport final », novembre 2016, 160 pages
23. Tchouassi Gérard (2017) : «Capital humain et croissance économique : une modélisation VAR avec co-intégration », New Challenges of Sustainable Development in Africa View project, Universiy of Yaoundé II, mai 2017, 16 pages
24. Moreno Benoit (2014) : « enquête sur la dynamique et les freins à la diffusion du système de goutte à goutte au Niger », AGRIMEX SA, février 2014, 16 pages
25. Banque mondiale (2009) : « Développement de l'irrigation au Niger : diagnostic et options stratégiques », revue sectorielle de l'irrigation, Agriculture et Développement Rural, AFTAR, Département pays AFCF2, Région Afrique, juin 2009, 139 pages
26. Joanne Cochand (2007) : « la petite irrigation privée dans le sud Niger : potentiels et contraintes d'une dynamique locale : le cas du sud du département de Gaya », mémoire, Université de Lausanne, juillet 2007, 149 pages
27. H. VANNIERE : « Concept systèmes de culture fruitiers tropicaux et subtropicaux pérennes: cas des agrumes et du manguier », UR Hort Sys, CIRAD publication

28. ALI Mahamadou (2012) : « Capitalisation des expériences sur la Gestion Intégrée des Ressources en Eau (GIRE) dans le sous bassin versant de la Basse Vallée Tarka Madaoua Bouza », Rapport final, Care/CRS/Global Water initiative Niger, décembre 2012, 31 pages
29. Warlop F., Corroyer N., Denis A., Conseil M., Fourrié L., Duha G., Buchmann C., Lafon A., Servan G., (2017) : « associer légumes et arbres fruitiers en agroforesterie : principes, éléments techniques et points de vigilance pour concevoir et conduire sa parcelle », Projet SMART, juin 2017, 40 pages
30. Moussa Boureima (2016) : « les politiques agricoles au Niger, 1960-2015 : 55 ans de recherche de la sécurité alimentaire et de la réduction de la pauvreté », Les éditions Belle Afrique, septembre 2016, 35 pages
31. Ministère de l'agriculture du Niger (2015) : « Stratégie de la Petite Irrigation au Niger (SPIN) », mars 2015, 85 pages
32. ONG AIDD (2012) : « Réalisation d'un diagnostic participatif et de planification d'actions au autour des sites encadrés par le PromAP dans la commune de Bonkoukou », Rapport version corrigée, PromAP/GIZ, septembre 2012, 38 pages
33. Hamidou Issoufi (2012) : « Réalisation du diagnostic participatif et planification des actions au niveau des sites du barrage de Téra », rapport d'intervention, PromAP/GIZ, août 2012, 50 pages
34. PromAP/GIZ (2015) : « Revue annuelle de mise en œuvre du PromAP : état d'avancement du programme et niveau de mise en œuvre du plan annuel de travail 2015, Région de Tillabéri », 2015, 24 pages
35. PromAP/GIZ (2019) : « Fiches techniques relatives aux principales mesures d'adaptations aux changements climatiques dans le contexte de la petite irrigation au Niger », avril 2019, 46 pages
36. Drone Africa Service (2018) : « Etude pour une analyse de la couverture végétale sur les sites d'intervention du programme Nigéro-Allemand de promotion de l'agriculture productive (PROMAP) : cartographie de l'occupation des sols entre 2015 et 2018 », PromAP/GIZ, septembre 2018, 40 pages
37. Joanne Cochand, Ronald Jaubert (2012) : « Evaluation du potentiel et des contraintes de la petite irrigation au Niger : renforcement des capacités d'élaboration d'un plaidoyer et de dialogue politique des organisations paysannes », PADIP, septembre 2012
38. Issa Ousseini (2002) : « Les efforts en CES/DRS au Niger » in « Comptes rendus d'un atelier régional Ouest africain sur le thème "Techniques de Conservation des Eaux et des Sols et Données WOCAT au Niger" qui s'est tenu à Niamey du 28 au 31 octobre 2002, Abdoulaye Soumaila et al Edition, pp 7-14
39. Abdoulaye Sambo Soumaila (2011) : « Etude de cas : Fertilisation des sols par rotation – Niger », in WOCAT/FAO/TERRAFRICA (2011) : « La pratique de la gestion durable des terres : Directives et bonnes pratiques

pour l'Afrique subsaharienne. Application sur le terrain », Bern, 2011, pp 156-157

40. Abdoulaye Sambo Soumaila (1985) : « Problématique de l'investissement au Niger », Mémoire de Maitrise Sciences Economiques, FSEJ, Niamey, Niger
41. FAO (2019) : « Code de conduite international sur l'utilisation et la gestion durables des engrais », Rome, 2019
42. Dévote Nimpagaritse (2019) : « Guide des bonnes pratiques de production des fruits et légumes », IITA/CIRAD/Banque mondiale, Bujumbura (Burundi), juin 2019
43. Facilité Adapt'Action NIGER/Ministère de l'environnement, de la salubrité urbaine, et du développement durable, Ministère de l'Agriculture et de l'élevage (2020) : « Appui à la formulation concertée de la Stratégie et Plan National d'Adaptation face au changement climatique dans le secteur de l'Agriculture – SPN2A-(Axe 2) : Identification et évaluation des options d'agriculture intelligente face au climat prioritaires pour l'adaptation face aux changements climatiques au Niger », - Volume 1, LIVRABLE N°3 – Version finale, (réalisé avec l'appui financier et technique de l'AFD, Baastel, BRLI, ONF International, et Racines Sahel), 01/03/2020.

Structures éditoriales du groupe L'Harmattan

L'Harmattan Italie
Via degli Artisti, 15
10124 Torino
harmattan.italia@gmail.com

L'Harmattan Hongrie
Kossuth l. u. 14-16.
1053 Budapest
harmattan@harmattan.hu

L'Harmattan Sénégal
10 VDN en face Mermoz
BP 45034 Dakar-Fann
senharmattan@gmail.com

L'Harmattan Cameroun
TSINGA/FECAFOOT
BP 11486 Yaoundé
inkoukam@gmail.com

L'Harmattan Burkina Faso
Achille Somé – tengnule@hotmail.fr

L'Harmattan Guinée
Almamya, rue KA 028 OKB Agency
BP 3470 Conakry
harmattanguinee@yahoo.fr

L'Harmattan RDC
185, avenue Nyangwe
Commune de Lingwala – Kinshasa
matangilamusadila@yahoo.fr

L'Harmattan Congo
219, avenue Nelson Mandela
BP 2874 Brazzaville
harmattan.congo@yahoo.fr

L'Harmattan Mali
ACI 2000 - Immeuble Mgr Jean Marie Cisse
Bureau 10
BP 145 Bamako-Mali
mali@harmattan.fr

L'Harmattan Togo
Djidjole – Lomé
Maison Amela
face EPP BATOME
ddamela@aol.com

L'Harmattan Côte d'Ivoire
Résidence Karl – Cité des Arts
Abidjan-Cocody
03 BP 1588 Abidjan
espace_harmattan.ci@hotmail.fr

Nos librairies en France

Librairie internationale
16, rue des Écoles
75005 Paris
librairie.internationale@harmattan.fr
01 40 46 79 11
www.librairieharmattan.com

Librairie des savoirs
21, rue des Écoles
75005 Paris
librairie.sh@harmattan.fr
01 46 34 13 71
www.librairieharmattansh.com

Librairie Le Lucernaire
53, rue Notre-Dame-des-Champs
75006 Paris
librairie@lucernaire.fr
01 42 22 67 13

www.ingramcontent.com/pod-product-compliance
Lightning Source LLC
LaVergne TN
LVHW011032061026
849535LV00006B/2065